KB210079

"육아, 힌트 받고 팀플하라!"
육아와 유아교육의 울고 웃는 이야기

육아에 작은 사랑은 없다

육아에 작은 사랑은 없다

초판인쇄 2024년 12월 23일
초판발행 2024년 12월 31일

지은이 김수오
발행인 조현수
펴낸곳 도서출판 프로방스
기획 조영재
마케팅 최문섭
편집 문영윤

본사 경기도 파주시 광인사길 68, 201-4호(문발동)
물류센터 경기도 파주시 산남동 693-1
전화 031-942-5366
팩스 031-942-5368
이메일 provence70@naver.com
등록번호 제2016-000126호
등록 2016년 06월 23일

정가 16,800원
ISBN 979-11-6480-375-0 (03590)

"육아, 힌트 받고 팀플하라!"

육아와 유아교육의 울고 웃는 이야기

육아에 작은 사랑은 없다

글·그림 **김수오**

추천사

《육아에 작은 사랑은 없다》는 기존의 육아 에세이에서 볼 수 없는 특별함이 있습니다. 이 책에는 생생한 육아 경험, 유아교육의 이론과 실제가 곳곳에 담겨있습니다. 만화를 보며 웃고 글을 통해 감동을 받는 이 책은 부모와 교육자 모두에게 꼭 필요한 양육서입니다.

저 또한 유아교육학과에서 제자들을 양성하며, 지금은 청년이 된 두 아들을 키운 엄마로서, 이 책을 읽는 동안 저의 육아 경험이 떠올랐습니다. 동시에 유치원 교사로 현장에서 아이들을 교육하는 제자들의 모습도 그려졌습니다. 아이를 사랑하는 마음은 책으로 배울 수 없고, 부모의 입장을 대신 경험하는 강의도 없습니다. 교사와 부모의 협력은 매우 중요하지만, 서로의 입장을 이해하고 공감하는 것은 참 어려운 일입니다. 이 책은 그 어려움을 따뜻하고 재미있게 풀어주며, 교사와 학부모가 서로를 이해하고 함께 성장할 수 있는 소중한 기회를 주고 있습니다. 작가는 엄마로서의 감정, 교사로서의 경험, 연구자로서의 통찰을 통해 우리에게 양육이란 무엇인가에 대한 메시지를 줍니다.

또한 이 책은 가정에서도 쉽게 실천할 수 있는 다양한 육아 팁을 제시하며, 좋은 부모로서의 양육관과 실천의 방향을 일상 속에서 경험할 수 있도록 안내합니다. 이 책에서는 전하는 '작은 사랑은 없다'라는 메시지는 짙은 여운을 남깁니다. 아이를 향한 부모와 교사의 사랑은 비교할 수 없이 모두가 소중하고 값집니다. 작가는 그 사랑이 잘 연결되었을 때 아이에게 얼마나 큰 영향을 미치는지를 실제 사례들을 풀어가며 감동적으로 보여줍니다.

교육현장의 교사들뿐만 아니라, 아이를 키우는 모든 부모님께 이 책을 추천합니다. 아이와의 만남을 준비하는 예비부모와 예비교사에게도 꼭 읽어봐야 하는 좋은 지침서가 될 것입니다.

아이를 중심으로 한 사랑의 연결, 그 아름다운 동행길에 함께 오르시기를 바랍니다.

– 중앙대학교 유아교육학과 교수 조 형 숙

프롤로그

몸과 마음이 다쳐 교사라는 직업을 내려놓겠다는 선생님들.

진상 학부모가 될까 봐 교사에게 묻지 못하고 오늘도 커뮤니티를 검색하는 학부모님들.

아이를 중심으로 한 관계가 점점 멀어지는 요즘, 저는 교사이자, 연구자이자, 엄마입니다. 영유아를 위해 이 모든 역할을 다하는 나의 이야기가 공감과 이해, 응원과 연결의 장이 되지 않을까? 하는 마음에서 글을 쓰기 시작했습니다.

"유아교육을 전공한 엄마는 뭔가 다른가요?"

"이럴 때, 박사님은 어떻게 하세요?"

"학부모 상담 때, 이런 부분을 말씀드려도 될까요?"

많은 사람들로부터 질문을 받고 상담을 합니다. 그중에는 부모의 고민도, 교사의 고민도 있습니다. 서로에 대해 이해하지 못하는 부분을 묻기도 합니다. 질문은 아주 다양하지만, 어딘가 닮아있습니다. 바로 그들 사이에 놓인 아이를 위한다는 점입니다.

아이들을 위한 책이 되었으면 좋겠습니다. 유아교육 전문가들은 아이들을 위해 끊임없이 연구하고, 교사와 학부모의 관계를 개선하기 위해 다양한 프로그램과 소통의 장을 마련합니다. 이 책 또한 학부모와 교사를 서로 연결해 주는 작은 시작이 되길 바랍니다. 그것이 곧 아이들을 위한 것이니까요.

유아교육을 전공하며 아이들을 만나 온 시간은 길었지만, 두 아들을 키우는 엄마는 처음입니다. 교사 시절 등·하원 때마다 환하게 아이들을 맞이하던 제가, 이제는 두 아들을 정신없이 등원시키느라 바쁩니다. 이 글을 쓰는 늦은 밤, 옆에서 곤히 자고 있는 두 아들과 무탈하게 함께한 오늘이 얼마나 소중한지도 엄마가 된 후에 배워갑니다.

이 책은 육아 만화 에세이입니다. 만화를 통해 실감 나는 육아 상황을 그리고, 글을 통해 대화와 상황을 자세히 담았습니다. 각 장의 에필로그와 부록에서는 실제 저의 육아 경험과 함께 작은 육아 팁을 추가했습니다. 이 책을 읽고 계신 많은 부모님들과 교육자분들께 공감과 위로, 질문에 대한 답,

때로는 웃음을 전하길 바라면서요.

모든 부모와 모든 교사는 위대합니다. 아이를 사랑한다면, 그 사랑은 결코 작지 않습니다. 이 기회를 빌어, 제가 그동안 만났던 모든 학부모님과 선생님들, 저를 가르쳐주신 교수님들, 저희 부부를 길러주신 양가 부모님들, 그리고 지금도 소중한 아이들과 함께하는 모든 분들께 감사의 인사를 전합니다. 마지막으로 나의 단짝 친구이자 좋은 아빠인 남편과 에피소드의 전부인 두 아들에게 사랑의 마음을 전합니다.

김 수 오

차 례

추천사 4
프롤로그 7

제1부
반가워, 나에게 찾아온 첫아들
– 유치원 교사였던 나에게 찾아온 새로운 생명 –

[1화] 나에게 임밍아웃이란? 18
[2화] 이미 그들은 힌트를 주고 있다 20
[3화] 잘 풀어내는 강한 사람 23
[4화] 생각에 따라 전략은 바뀐다 26
[5화] 큰 위로를 주는 아이들 29
[6화] 크고 작은 사랑은 없어 31
[7화] 모두와 함께하고 있었다 34
[8화] 아이들의 성적표 37
[9화] 생생한 그날의 기억 꺼내기 40
[10화] 절박유산 이겨내기 43

[11화] 두드리고 답하는 태동놀이 45
[12화] 부모를 쏙 빼닮은 아기 48
[13화] 모든 하루가 좋은 태교야 51
[14화] 침대가 좁아지는 이유 54
[15화] 점점 배가 불러온다 56
[16화] 사랑은 간지러운 것 59
[17화] 역아 과제는 텀플이었어 62
[18화] 태동은 어떤 느낌이야? 65
[19화] 엄마의 마음을 알아간다 68
[20화] 출산을 준비하자 71
[21화] 총총이가 태어났어요 74
[에필로그] 아빠의 편지가 너에게 닿기를 77

제2부
고마워, 아들과 함께

– 실전은 늘 이론처럼 흘러가지 않는다 –

[22화] 소소한 호호 그리고 재재 84
[23화] 진통은 모를 수가 없다 86
[24화] 10시간의 출산 과정 89
[25화] 수유텀과 엄마텀 92
[26화] 예방접종 나들이 가자 95
[27화] 우리 집에는 캐릭터 부자가 산다 98
[28화] 아기 재우는 자장가 101
[29화] 육아는 할부 결제 104
[30화] 아기의 투정은 엄마에게 107
[31화] 우리는 항상 너를 응원해 110
[32화] 충족은 중요하니까 113
[33화] 안녕, 우리의 첫 집 116
[34화] 감사하는 마음을 전해요 119
[35화] 엄마가 만든 노래 122
[에필로그] 그다음은 뭐야 엄마? 124

제3부
사랑해, 두 번째도 아들

– 박사과정 시작과 함께 찾아온 두 번째 파랑색 –

[36화] 내 인생, 이제 시즌 4 130
[37화] 재재에게 임밍아웃 133
[38화] 나의 두 번째 입덧은 과연? 137
[39화] 엄마는 예뻐! 139
[40화] 우리 집 첫째들과 둘째들 141
[41화] 무인도에 혼자가 아니다 144
[42화] 장난감은 아빠가 사 준 걸로 147
[43화] 행복의 빠르기는 중요하지 않다 150
[44화] 드디어 아빠와 자기 시작 153
[45화] 꽁꽁이가 태어났어요 156
[에필로그] 찬아, 마음에 들어? 159

제4부
우리, 남자 셋 그리고 여자 하나
– 유아교육 전문가에서 육아 전문가로 –

[46화] 소소한 호호 그리고 재재와 찬이 166
[47화] 웃음도 미소도 두 배 170
[48화] 우린 모두 정말 대단해 174
[49화] 엄마가 샤워를 하는 시간 177
[50화] 암호 송수신 완료 180
[51화] 아들 둘의 입맛은 어떨까? 183
[52화] 남자 셋의 무게를 견뎌라 186
[53화] 결혼 전 vs 결혼 후 189
[54화] 아들 둘이 어때서 192
[에필로그] 형제는 오늘도 같이 꿈을 꾼다 195

부록 엄마의 육아 힌트

엄마의 편지 202
집에서도 할 수 있는 유치원 놀이 211

등장인물 소개

호호

INTP "해결해야지. 울 시간이 어디 있어!"
우리 집 전략가. 장난스러움도 그의 전략 중 하나다. 사실은 꼼꼼하고 냉철한 이과생. 하지만 아내와 두 아들에게만큼은 무장 해제되는 따뜻한 개구쟁이.

소소

ESFJ "때로는 공감이 가장 큰 해결이거든!"
기쁠 때나 슬플 때나 눈물이 난다. 예술가의 감성과 연구자의 논리, 교육자의 철학까지. 모두 소중하지만, 그중에서 제일은 바로 가족의 행복이다.

재재(첫째)

태명은 총명하고 건강하게 총총 뛰어다니라고 '총총이'라고 지었다. 태몽은 멧돼지로, 임신과 출산 과정에서 이벤트가 많았지만 벌써 유치원생. 따뜻한 마음씨에 섬세하고 감성적이다. 요즘은 못 말리는 개구쟁이.

찬이(둘째)

태명은 꼼꼼하고 꽁냥꽁냥 사랑이 넘치라고 '꽁꽁이'라고 지었다. 태몽은 하얀 호랑이(백호). 재재와 달리 거침없는 행동파. 울음도 웃음도 크고, 표현에 솔직하다. 어린이집 하원 후, 형과 함께 놀이하는 시간을 제일 좋아한다.

제1부

반가워, 나에게 찾아온 첫아들

- 유치원 교사였던 나에게 찾아온 새로운 생명 -

[1화]

나에게 임밍아웃이란?

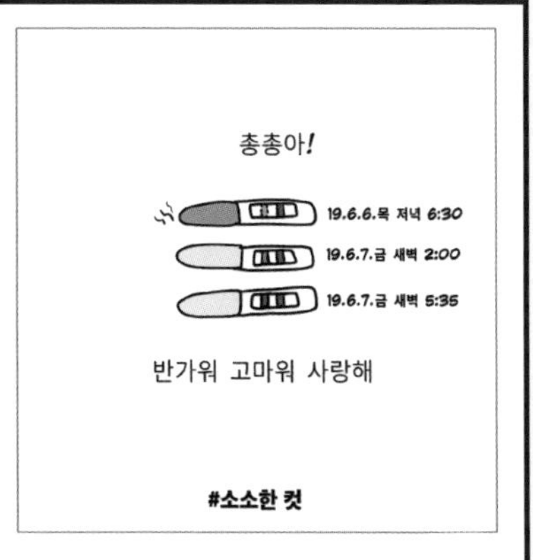

그날 새벽 우리는 잠들지 못했다.

'임신 사실을 먼저 확인하고 남편에게 서프라이즈 파티를 열어줘야지.' 그렇게 상상했던 우아한 임밍아웃과는 아주 달랐다. 나의 임밍아웃은 새벽 내내 쓰레기통을 뒤진 후였다.

"여보, 자?"

"아니. 여보는?"

"아니. 여보, 꿈은 아니지, 지금?"

"그러니까. 후, 잠이 안 온다."

"내일도 해보면 두 줄이 나올까?"

"내일도 한 번 해볼게. 그런데 일단 난 내일 애들이랑 재밌게 놀아야 하니까, 먼저 잘게."

매일 20명의 소중한 아이들을 만나던 나에게 또 한 명의 아이가 찾아왔다.

'총총아! 반가워. 고마워. 사랑해.'

[2화]

이미 그들은 힌트를 주고 있다

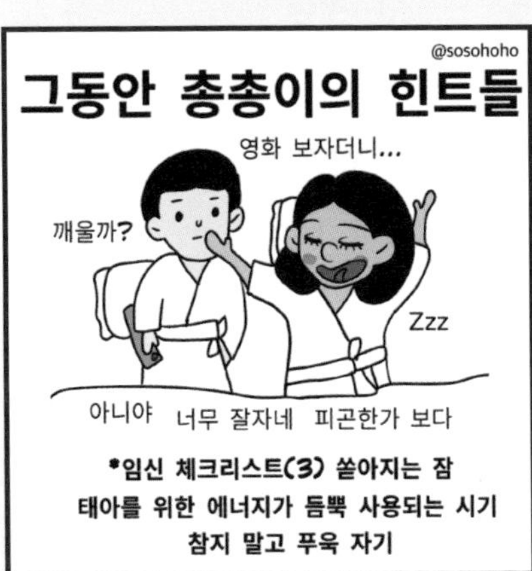

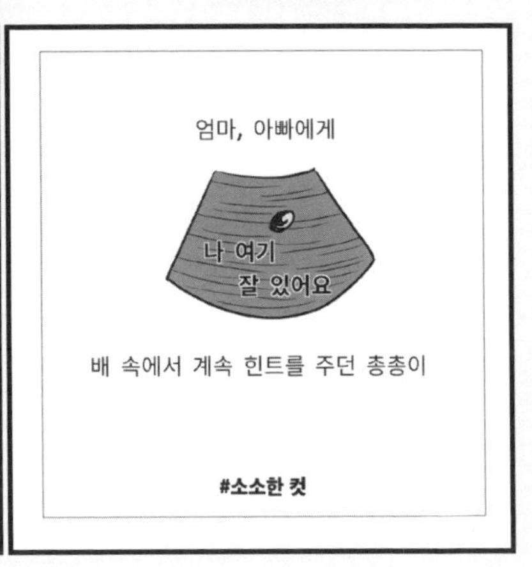

영화 〈기생충〉에서 아버지는 아들에게 이렇게 말한다.

"너는 다 계획이 있구나."

우리도 이제 알았다.

"배 속 총총아, 너도 다 힌트가 있구나."

만 5세 담임교사로 3년을 보냈다. 활동과 활동 사이인 전이시간이 되면 아이들은 정리를 하고 화장실에 다녀온다. 아이들이 하나둘 자리로 모여 앉으면, 나는 칠판에 커다란 초성을 써서 퀴즈를 준비한다. 칠판 한편에 그려진 열 개의 작은 동그라미 중 다섯 개가 사라질 때면, 퀴즈를 풀던 아이들은 한마음으로 외친다.

"선생님! 이제 힌트 좀 주세요!"

퀴즈의 난이도, 초성의 조합, 힌트. 이를 진두지휘할 수 있는 것은 나라고 생각했는데 아니었다. 다음 전이시간에 나는 칠판과 마커를 아이들에게 넘겼고, 아이들은 유능했다. 나는 아이들의 힌트를 잘 들어야만 했다.

아이들은 초성퀴즈와도 같다. 쉬운 듯 보이지만 때로는 어려울 때가 있고, 복잡하게 생각했지만 알고 보면 참 간단할 때도 있다. 자신 있게 정답을 외쳤지만 정답이 아니라면, 다시 정답을 찾아가면 된다.

표정, 행동 그리고 이야기.

다행히도, 아이들은 부모와 선생님에게 자신의 마음을 담은 힌트를 다양한 방법으로 보낸다.

과연 우리는 그들이 주는 유능한 힌트에 귀 기울이고 있는가?

[3화]

잘 풀어내는 강한 사람

마음을 풀어내는 것은 크고 무서운 일이라고 생각했다. 점점 커져가는 목소리도, 붉어지는 얼굴색도, 울컥거리는 마음도 싫어서 모른 척 피하고 무시하는 것이 나의 방법이었다.

교사를 하며 많은 학부모를 만났다.

엄마가 되어 많은 선생님을 만났다.

둘 다 마음을 잘 풀어내지 않으면 할 수 없는 일이다. 마음을 풀어내는 것은 쏟아 던지는 것도 아니고, 무시하며 피하는 것도 아니다. 그저 '아이'를 중심에 놓는 일이다. 아이를 위해 솔직하게 전달할 것은 전달하고 받아들일 것은 받아들여야 한다. 가끔 중심에서 벗어난 것들은 흘려보내도 괜찮다.

혹시 학부모와 교사가 서로 마음을 잘 풀지 못 하고 있다면, 그 마음이 서로를 향하고 있는 것은 아닌지 확인해 볼 필요가 있다. 그 방향은 '아이'를 향해야 한다. 그것이 같으면 되었다. 방법과 가치관, 말투와 모습 같은 것은 그다음의 일이다. 육아와 교육은 아이를 두고 어느 한쪽이 이기고 지는 경기가 아니다. 아이가 오르는 탑을 함께 쌓아가는 과정이다. 아이를 위한 튼튼한 탑을 쌓으려면, 서로의 높이에 따라 다리를 구부리기도 하고, 까치발을 들기도 해야 한다. 아이를 중심에 놓고 서로를 바라보는 일은 생각보다 많은 힘이 든다.

강하지 않으면 하기 어려운 일이다.
교사도 그리고 엄마도.

[4화]

생각에 따라 전략은 바뀐다

늘 배가 부르고 속이 좋지 않아서 토를 했다. 날이 더워서 입맛이 없는 걸까 싶어 배달어플을 열었다. 어플 속 자그마한 음식 사진을 보는데도 속이 울렁거렸다. 살면서 처음 겪는 일이었다. 임신과 동시에 나에게 무슨 질병이 찾아온 것은 아닐까? 임신 때문이라고 하면서 혹시 의사선생님도 모르고 지나치는 것은 아닐까? 내 몸의 변화가 두려워 입덧에 대한 글을 찾아보았다. 그러던 중 댓글 하나가 기억에 남는다.

"입덧을 안 하는 게 더 걱정일걸요. 어지럽고 입덧을 한다는 건 그만큼 배 속의 아기가 잘 있다는 건데 무슨 걱정이에요."

무슨 걱정이라니. 모르는 소리다.

'엄마가 잘 먹어야 아기에게도 좋을 텐데, 분명 입덧을 경험하지 않은 엄마일 거야.'

그러나 가만히 생각해보니, 맞는 말이다.

산만하다던 아이는 도전하는 것에 두려움이 없었고, 소심하다던 아이는 섬세한 사회적 기술을 가졌다. 집중을 못 한다던 아이는 작품이 기발했고, 미술놀이만 편식하던 아이는 그림의 완성도가 높았다.

생각에 따라 아이들을 위한 전략은 바뀐다.

그 이후로는 비록 즐기진 못해도,

화장실에서 변기를 부여잡으면서 배 속 내 아기는 늘 잘 있다고 생각했다.

[5화]

큰 위로를 주는 아이들

@sosohoho
상상했던 입덧
우...욱
여보
괜찮겠어?
혹시...?
에이~
괜찮아!

@sosohoho
현실 입덧
(분수가 된 것 같은 이 기분)

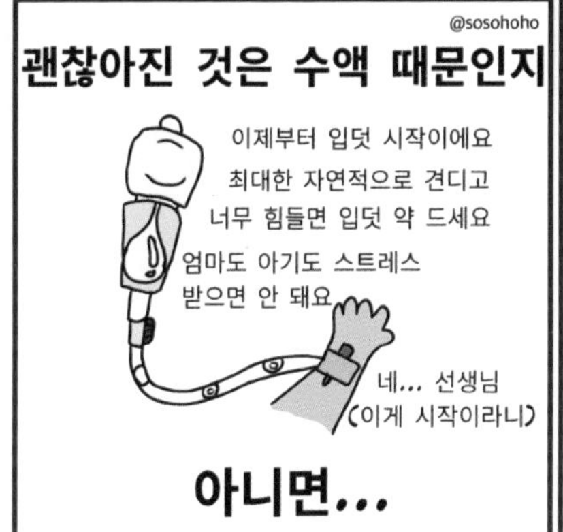

@sosohoho
괜찮아진 것은 수액 때문인지
이제부터 입덧 시작이에요
최대한 자연적으로 견디고
너무 힘들면 입덧 약 드세요
엄마도 아기도 스트레스
받으면 안 돼요
네... 선생님
(이게 시작이라니)
아니면...

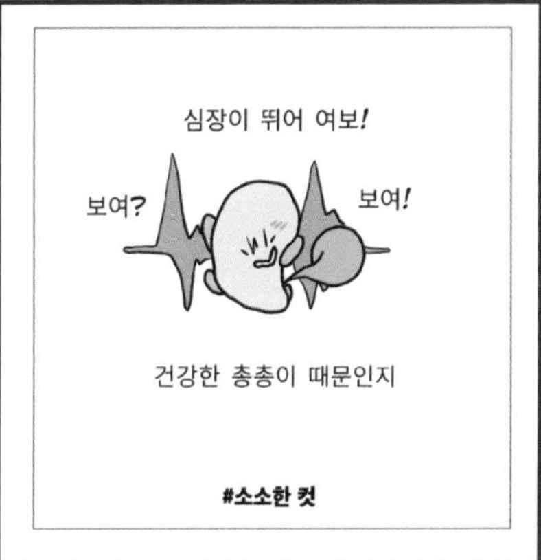

심장이 뛰어 여보!
보여?
보여!
건강한 총총이 때문인지
#소소한 컷

아이들을 위한 활동 주제 회의 날, 원장님부터 원감님, 교사 6명이 둘러앉아, 커피 한 잔씩 들고 피곤을 쫓아가며 머리를 맞댄다. 분명 각자 해야 할 일이 산더미처럼 남아있을 텐데 회의를 하는 모두는 그또한 잊은 듯 보였다.

그렇게 만들어진 활동을 들고 교실로 들어가면, 세상을 만 3년 경험한 아이들이 반짝이며 생각을 쏟아낸다.

'아, 우리의 회의가 성공이었다고 알려주는구나.'

입덧으로 참 힘들었던 하루, 지친 몸을 이끌고 병원 초음파실로 들어갔다. 작은 곰돌이 같은 네가 팔과 다리를 꼬물대며 심장을 쿵쾅거린다.

"아, 잘 있다고 알려주는구나."

'작디작은 너희들이 나에게 주는 위로와 응원은 무척 거대하구나. 고마워.'

[6화]

크고 작은 사랑은 없어

처음 유치원을 다니게 된 아이들이 얼마나 떨릴까 싶어서, 엄마의 따뜻함을 유치원에서도 느끼길 바라며 품에 안아주었다.

그때마다 엉덩이를 뒤로 쭉 빼고 안기던 빨간 안경을 쓴 아이가 있었다. 3월이 지나면 교실에는 엄마 찾는 울음소리 대신 웃음소리가 가득하기 마련인데, 그 아이는 4월이 되어서야 겨우 교실 뒤편까지 마음을 열었다.

"엄마 보고 싶어?"

아이는 고개를 끄덕인다.

금방이라도 안경 너머 눈물을 뚝뚝 흘릴 것만 같아서 말하지 않았던 '엄마'라는 단어를 용기 내어 꺼냈다.

"OO이가 엄마를 정말 많이 사랑하는구나. 엄마도 OO이를 많이 사랑하시지? 선생님도 엄마처럼 너를 많이 사랑한단다. 유치원에서는 선생님이 너를 사랑하는 엄마야. 재미있는 놀이도 같이하고, 맛있는 음식도 같이 먹고, 힘든 것은 선생님이 도와줄 거야. 엄마가 보고 싶을 땐 선생님이 엄마처럼 꼭 안아줄게."

오늘 나와 총총이를 사랑으로, 아주 조심스럽게 안아주는 남편을 보며 그 아이가 생각났다.

작은 아이들의 부모와 선생님을 향한 마음, 부모와 교사의 아이들을 향한 마음. 사랑한다면, 그 사랑은 모두 마음 가득할 수밖에 없다.

[7화]

모두와 함께하고 있었다

아이들이 혹시 볼까 봐, 점심시간에 화장실과 가장 가까운 책상에 앉았다. 선생님은 너희들이 먹는 것만 봐도 배가 부르다고 했다.

"어, 진짜. 그런데 선생님 뱃살 좀 나온 것 같지 않아?" 하고 깔깔대는 아이들의 웃음소리를 뒤로 하고 또 화장실로 달려갔다. 화장실의 소리를 덮을 만큼 큰 웃음소리를 만들어준 아이들과 내 등을 두드려주었던 그때의 부담임 교사, 모두에게 감사하다.

"여보 고마워. 함께해 줘서."

"에잉? 난 한 게 아무것도 없는데. 나는 너무 잘 자고, 나는 너무 잘 움직이고, 나는 너무 잘 먹고 있어. 다 여보가 해내고 있는 거지."

사실이다. 그런데 사실은 사실이 아니다.

힘든 것도, 외로운 것도, 무거운 것도, 어려운 것도 나는 모두와 함께하고 있었다.

[8화]

아이들의 성적표

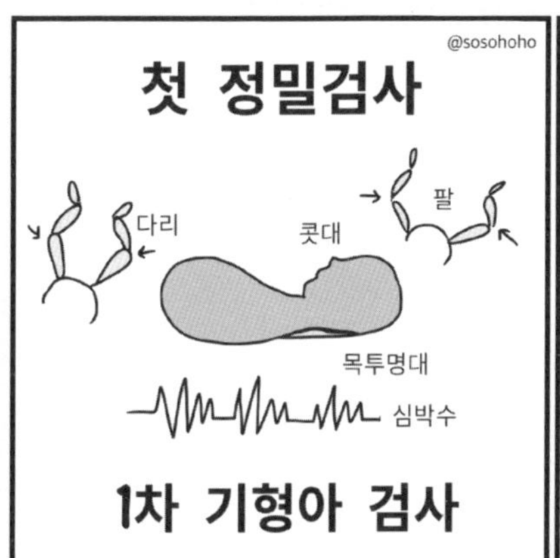
@sosohoho
첫 정밀검사
다리
콧대
팔
목투명대
심박수
1차 기형아 검사

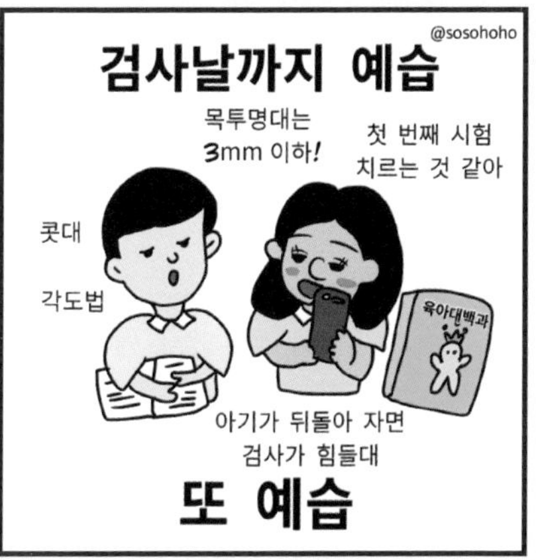
@sosohoho
검사날까지 예습
목투명대는
3mm 이하!
첫 번째 시험
치르는 것 같아
콧대
각도법
육아대백과
아기가 뒤돌아 자면
검사가 힘들대
또 예습

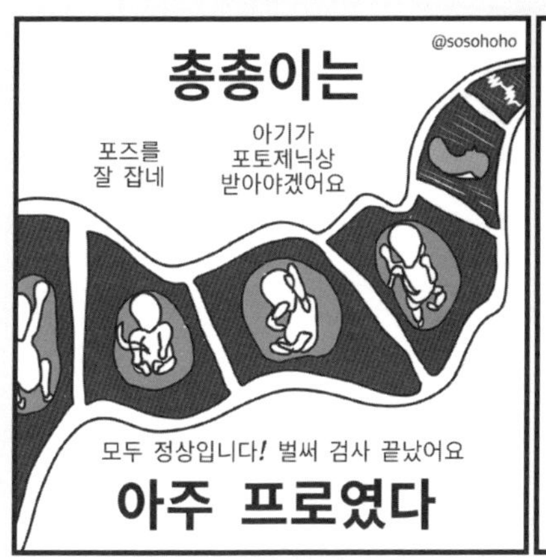
@sosohoho
총총이는
포즈를
잘 잡네
아기가
포토제닉상
받아야겠어요
모두 정상입니다! 벌써 검사 끝났어요
아주 프로였다

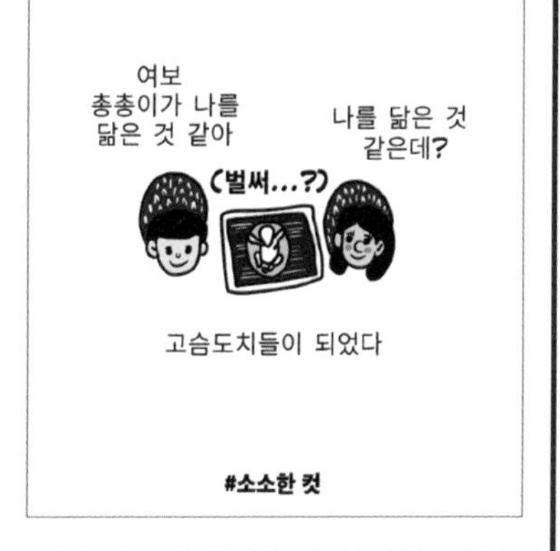
여보
총총이가 나를
닮은 것 같아
나를 닮은 것
같은데?
(벌써...?)
고슴도치들이 되었다
#소소한 컷

성적표. 학생 때는 그 숫자가 왜 그렇게 욕심이 나던지. 종이 한 장에 찍혀 나오는 숫자들이 내 마음에 쏙 들면 기분이 참 좋았다. 그래서 공부를 했다. 그러면 성적표 나오는 날이 두렵고 긴장되는 것이 아니라 신나고 기다려지니까.

1차 기형아 검사. 나와 총총이에게 '성적표의 날'이다. 차가운 젤이 내 배에 닿고, 초음파 기계가 움직일 때마다 내 심장은 쿵쾅쿵쾅 떨렸다. 하지만 내가 이렇게 떨면 혹시 아기도 긴장할까 봐 "잘 있죠? 선생님? 그렇죠?" 하고 애써 대담한 척을 했다.

꿈틀꿈틀 잘 움직이는 너를 보았다. 쿵쿵 잘 뛰는 너의 심장 소리를 들었다. 나와 너의 성적표에 그 이상 무엇이 더 필요할까? 너의 성적표는 숫자가 아니라, 건강하게 잘 자라고 있는 발달 그 자체이다.

어린이집과 유치원에 성적표가 없어야 하는 이유.

[9화]

생생한 그날의 기억 꺼내기

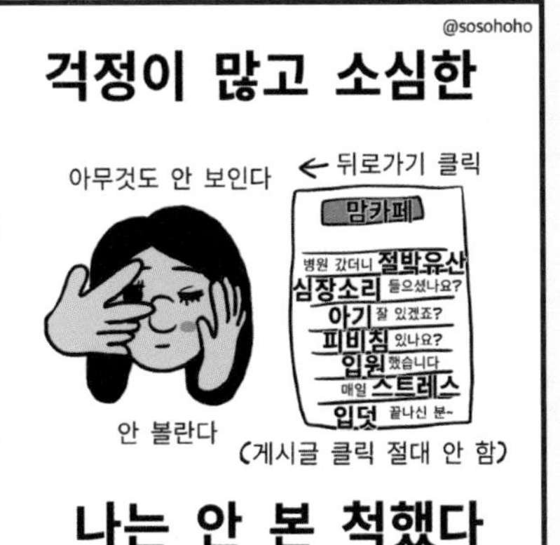

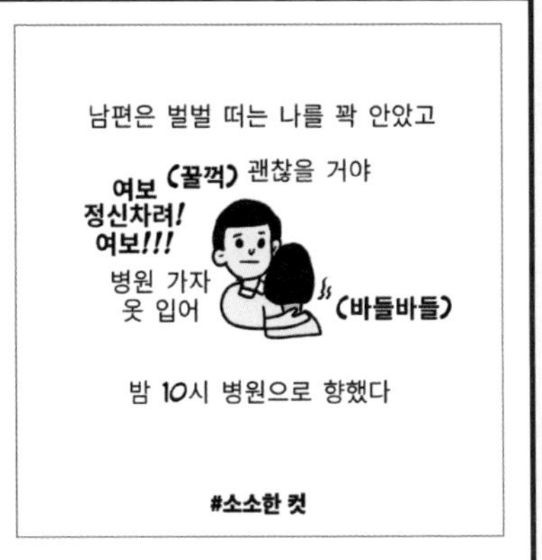

아이는 소중한 유리구슬과 같다. 화를 내고 소리치는 것과 같은 부정적 에너지를 마음 가는 대로 던져내면 안 된다. 떨어진 유리 조각들은 애착이나 사랑과 같은 접착제로 다시 이어 붙일 수 있지만, 산산조각 나버린 작은 유리가루는 찾아내지 못할 수도 있다.

그래서 유아교사는 긍정적 에너지를 토대로 교육을 한다. 긍정적 에너지를 다지는 것은 부정적 에너지를 쏟는 것보다 에너지를 배로 많이 쓰는 작업이자 수양이다. 작업은 아이들을 위한 것이며, 수양은 나를 위한 것이다.

20명에서 30명의 아이들과 함께 하루를 보내고 집에 오면 소진한 나의 에너지를 먹는 것으로 충전했다. 입덧으로 내 생에 가장 날씬한 몸무게를 찍기 전까지는.

엄마는 내 모습이 안쓰러워 제주도에서 소고기며 딸기며, 내가 좋아하는 것을 스티로폼 상자에 가득 담아 보내주셨다.

그 딸기가 너무나도 먹고 싶어 스티로폼 뚜껑을 열어 딸기를 바로 하나 꺼내 먹었다. 남편이 집에 돌아왔고, 여느 때처럼 우리는 붙어 앉아 수다를 떨었다. 그날은 학창시절 남편의 자기소개서를 함께 읽었다. 키득대던 남편의 웃음소리와, 어린 시절 그의 모습을 상상하며 미소 짓던 나. 나는 그 장면을 아직도 생생하게 기억한다.

주룩 주르륵. 피가 아래로 흘러내려오는 만큼 심장이 철렁 내려앉았다. 마치 롤러코스터가 내려올 때, 몸과 마음은 모두 위에 머무는데 심장만 한없이 빠르게 내려가는 느낌 같았다. 나의 모든 에너지가 아래로 흘러내리고 있었다.

분명 보통의 어느 날인데 아직도, 앞으로도 생생할 것 같은 그날.

"여보! 원감님, 원장님한테 당장 전화해!"

수술실로 향하던 그 밤, 모든 것이 두려웠다.

[10화]

절박유산 이겨내기

@sosohoho
응급실 수술방은
피 그냥 흘러도 되니까
베드 올라가요
네...
다 낯설다
내 담당
원장님
보고 싶다
밝고 차가웠다

@sosohoho
선생님은 한참을 살펴보셨다
피가 너무 많이
나오는데...?
14주라고?
중기에는 하혈
잘 안 하는데...
입원!
무조건!
당장!
흠
흠....
피 양이 많아요!
엄마가 보세요!
(울면 슬픈 일이 생길 것 같아... 울지 말자!)
눈물을 꾸욱 참았다

@sosohoho
나를 깨우는 목소리에
엄마! 엄마가 떨지 말고 봐요!
눈 뜨고 이제 화면 봐요!
피덩어리랑
아기
둘 다
보이죠?
선생님... 화면이...
조명 때문에
잘 안 보여요
어 들린다 들려요!!!
쿵.쾅.쿵.쾅.쿵.쾅
(심장소리!!! 총총아 힘내! 잘 이겨내자!!!)
드디어 소리가 들렸다

'감사합니다'를 천 번, 그 이상 말했다
감사합니다
감사합니다
정말 감사합니다
감사합니다
엄마! 울면 아기
산소 부족해서
힘들어요
울지 마세요!
네!
흡...흐흡...
그제서야 눈물이 터져 나왔고, 또 참았다
#소소한 컷

내 교사 생활 기간 중 처음이자 마지막 병가였다. 유치원으로 복귀한 후, 갑작스러운 소식에 놀랐을 학부모와 아이들에게 미안한 마음을 담은 작은 편지를 보내던 날.

"아니, 지금은 임신 초기도 아니고, 솔직히 날아다닐 때 아녜요? 우리 다 임신해 봐서 알지 않아요?"

누군가의 그 얘기가 나에게 들리지 않았으면 더 좋았을걸.

그래도 그것마저, 아니 모든 것이 괜찮았다. 할 수만 있다면 정말 날아다닐 만큼 기분이 좋았다. 병가가 끝나고 돌아온 나는 아기와 함께하고 있었으니까.

대학에 입학했을 때, 잃어버렸던 지갑을 다시 찾았을 때, 과외로 처음 용돈을 벌었을 때, 교사 생활 첫해 30명의 아이들과 아무 탈 없이 1년을 잘 마쳤을 때 등 수많은 감사한 일들이 있었다. 그 모든 감사함에 진심이었지만서도,

'진심으로 감사합니다. 감사합니다. 정말 감사합니다.'

[11화]

두드리고 답하는 태동놀이

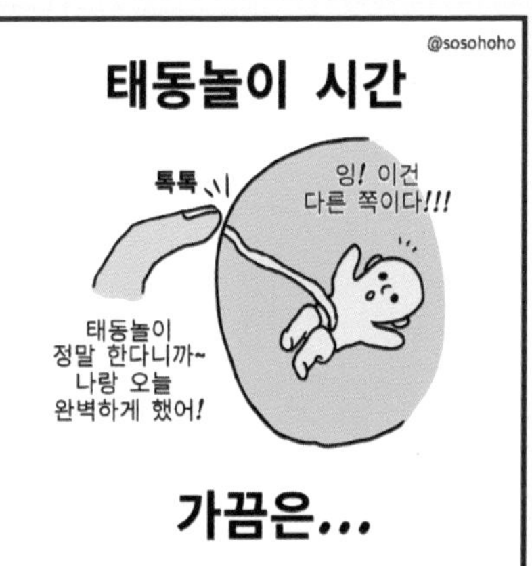

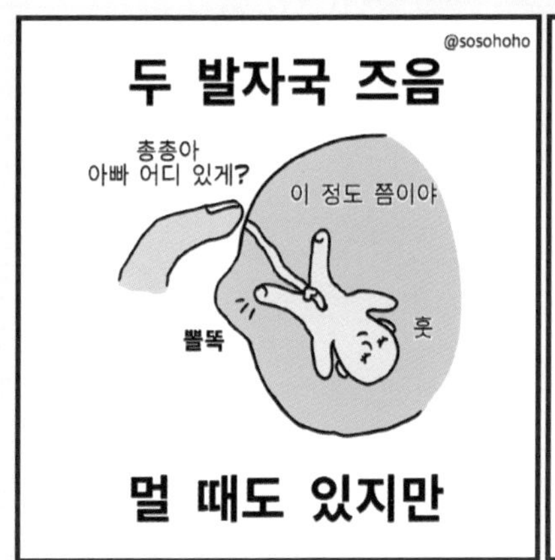

박사과정에 들어와서 연구논문을 공부하다 보면, 엄마이자 교사로서 공감되기에 더욱 속상할 때가 있다. 교사는 학부모와 소통을 두려워하고, 부모는 자녀에게 안 좋은 영향이 갈까 봐 대화를 망설인다.

아이의 부모와 소통하는 것은 문을 두드리는 일이다. 문을 두드릴 때를 떠올려보자. 혹시 실례는 아닌지 한번 생각하고, 손잡이의 모양과 여는 방법도 미리 확인한다. 손의 힘은 어느 정도로 주고, 두드리는 소리는 얼마나 크게 낼지 우리는 자연스럽게 신경을 쓴다. 문 너머에서 들리는 인기척에 귀를 기울이는 것까지 말이다.

아이와 함께하는 관계 속에서 교사는 부모와 서로 문을 두드리고, 답하고, 답에 귀 기울여야 한다.

태동을 느끼기 시작할 무렵, 총총이와 태동 놀이를 시작했다.

'톡톡!' 배를 노크하면 '통통!' 하며 답을 주었다. 그 느낌이 기특하고 소중해서 보고 싶을 때면 계속 노크를 했고, 항상 답을 주는 것만 같았다. 자그마한 그 노크가 우리를 연결해 주었고, 보배스러운 그 답에 하루가 설렜다.

언제든 두드리자.
우리 늘 그렇게 두드리고 답하며 살아가자.

[12화]

부모를 쏙 빼닮은 아기

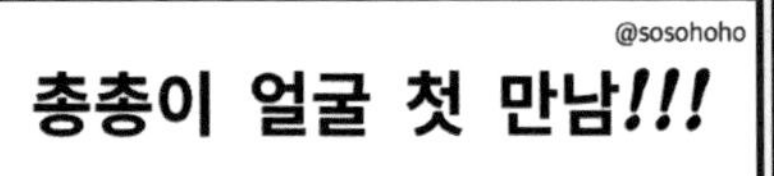

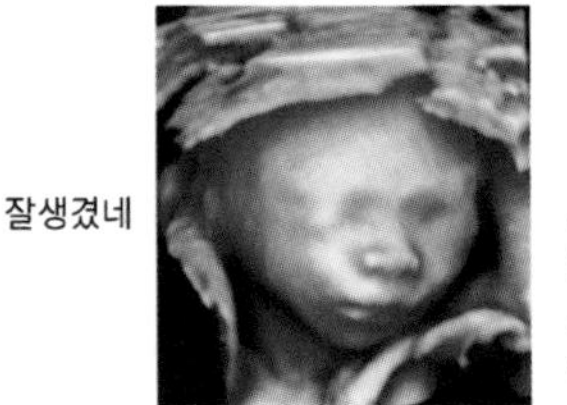

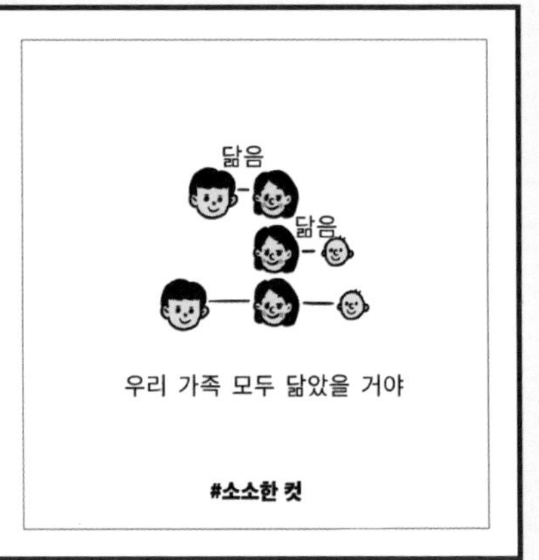

학부모 상담에서 만난 어떤 어머니가 물으셨다.

"선생님, 저희 아이는 왜 자꾸 대화 주제가 바뀔까요? 길을 가다가도 이 얘기했다가, 저 얘기했다가... 뭘 그렇게 볼 게 많은지."

내가 만난 그 아이는 주변을 관찰하는 것을 참 좋아했다. 관찰력이 좋아서 그림도 잘 그렸고, 나의 표정을 읽고 다음 활동의 방향성을 금방 알아챘다.

상담이 끝날 때쯤 어머니가 말씀하셨다.

"선생님, 오늘 보라색 셔츠 입으신 모습 처음 보는데, 색이 잘 어울리세요!"

아이가 누구를 닮겠는가? 부모를 닮는다.

눈썹은 진한 아빠를 닮지만, 눈은 둥그런 엄마를 닮기를. 코는 남자다운 아빠를 닮지만, 코끝은 복스러운 엄마를 닮았으면. 총총아, 또…

주문을 걸지 않아도 아이는 부모를 닮을 것인데, 오늘도 나는 주문을 걸어본다.

"총총이, 어떻게 생겼을까? 여보는 안 궁금해?"

"우리 닮았겠지."

"그게 다야? 난 엄청 궁금한데."

"건강하게만 나오면 되지. 생긴 거야 뭐."

그렇게 느긋하던 남편이 드디어 총총이의 얼굴을 만났다.

"우리 총총이가 이렇게 생겼다고? 진짜 예쁘다. 우와, 우리 아기 얼굴이래."

'아빠가 느긋했던 것이 아니었구나. 그래, 우리 모두 너를 기다렸어. 우리를 쏙 빼닮은 너를.'

[13화]

모든 하루가 좋은 태교야

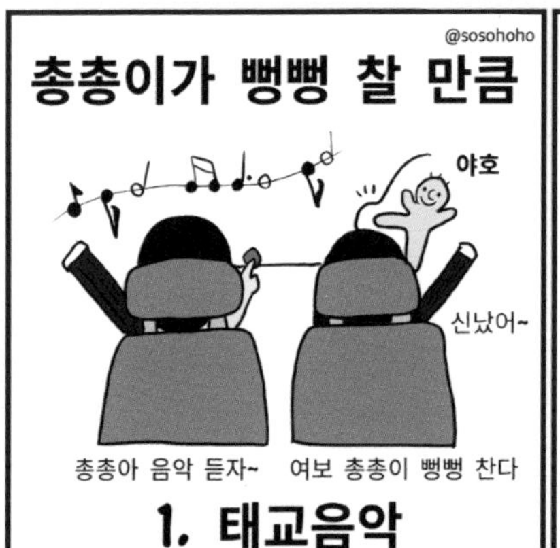

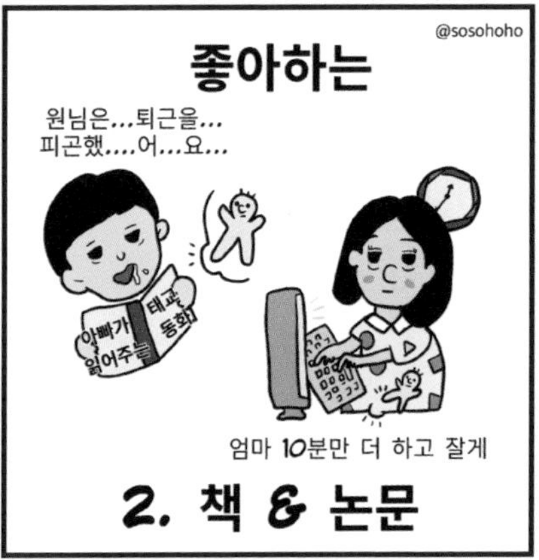

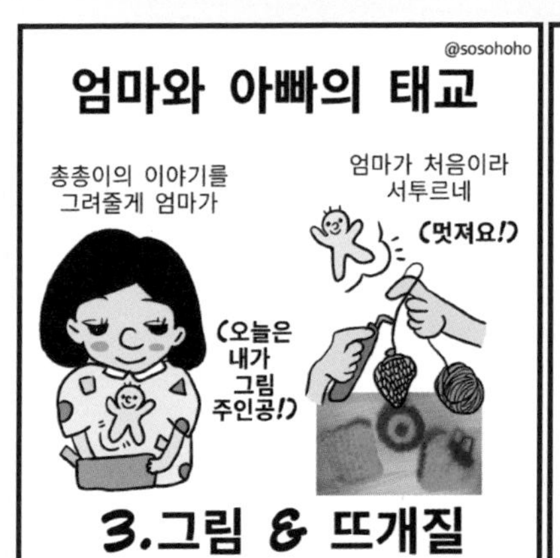

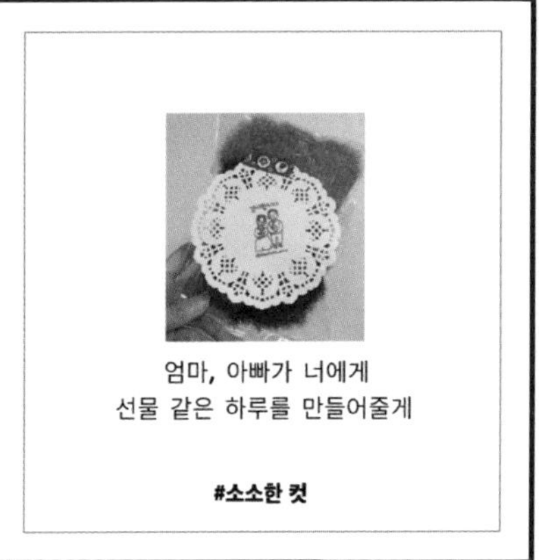

엄마, 아빠가 너에게
선물 같은 하루를 만들어줄게
#소소한 컷

대학원에 진학한 후, 나는 정적(+) 상관관계의 연구결과를 특히 좋아했다. 정적 상관관계란 어떤 요인이 커질수록 그 결과 또한 커지는 것을 의미한다. 통계 프로그램을 통해 이 연구결과에 유의미한 양(+)의 숫자가 뜰 때면, 신이 나서 빨리 글을 써 내려가고 싶은 마음이 든다. '이 변수가 클수록 결과에 긍정적인 영향을 미친다니!'

배 속의 아기는 엄마의 목소리를 듣고, 웃음소리와 울음소리도 듣는다. 내 기분과 마음을 다 듣는다고 생각하니 "무조건 좋은 것을 주자."라는 의욕이 넘쳤다. 좋은 것은 많은 것, 웃는 것, 예쁜 것, 큰 것, 밝은 것, 양(+)의 방향으로 향해 가는 것일 테니까.

그런데 10개월 동안 너를 품고 유치원과 대학원을 오가며 깨달았다. 피곤함과 그 뒤에 오는 안락함, 두려움과 그 뒤에 오는 안도감, 소박함과 그 뒤에 오는 충만함.

어떤 것은 부정적인 것 같지만, 결과를 더욱더 크게 만드는 것들이 있다. 결국 부적(-) 상관관계의 연구결과 또한 긍정적인 영향을 찾아가는 길이다.

유의미한 영향이 없으면 또 어떠한가.

어느 수업에서 교수님은 결과에 꼭 영향을 미쳐야만 좋은 연구가 되는지를 물으셨다. 영향을 미치지 않는 요인을 탐구하는 것 또한, 결국 긍정적인 방향으로 향하는 과정이 될 수 있다고 하셨다.

크게 웃었던 하루, 소리 내 울었던 하루, 지극히 평범했던 하루. 결국 부모의 모든 하루하루는 아이를 위한 의미 있는 태교이다. 그렇게 좋은 것을 서로에게 주고 있다. 우리도 너에게, 너도 우리에게.

[14화]

침대가 좁아지는 이유

교사 생활 첫해에 졸업시킨 아이들이 다시 유치원을 찾아 올 때가 있다.

"선생님, 왜 이렇게 교실이 작아졌어요?"

"교실이 작아진 게 아니야. 교실은 그대로지. 네가 이제 이보다 더 큰 세상을 잘 담아갈 수 있다는 뜻이야."

"여보, 이 침대에서 세 명이 잘 수 있을까?"

"좁겠지? 아기가 우리랑 같이 자고 싶어 할 텐데."

'침대가 어느새 이렇게 작아졌지?'

침대는 작아진 것이 아니다. 나도 이제 더 큰 무언가를 잘 담아가고 있다는 뜻이다.

[15화]

점점 배가 불러온다

참 행복하게도 모두 같은 학교, 같은 교수님 가르침을 받은 선배님들과 함께 유치원에서 일했다.

"자! 이제 시작합시다." 하는 부장 선배님 한마디에 의자에서 엉덩이를 떼며 모두가 일사불란하게 일을 시작한다. 넓은 유치원에서 서로가 눈앞에 보이지 않는데도 우리는 누가 강당에 갔는지, 누가 창고에 갔는지, 누가 교실에 갔는지를 모두 알고 있었다. 그렇게 우리는 민첩하게 일을 해냈다.

제일 막내였던 내가 동료교사로서 그들에게 어떤 도움을 줄 수 있을까? 그들보다 내가 더 잘할 수 있는 것은 무엇이 있을까? 엉덩이를 더 빨리 떼고, 그들의 마음을 미리 읽고 준비하려고 노력했다.

만삭 때까지 유치원을 오갔다. 다행히 모성 보호시간을 사용할 수 있어서 길이 막히는 퇴근시간을 피해 운전을 하고 집에 돌아왔다. 교사 휴게실이 만들어지면서 리클라이너에 누워 잠시 쉴 수도 있었다.

만삭이 되자 힘들었던 건 출퇴근 운전도 아니고, 짧은 휴식도 아니었다. 피아노를 연주할 때, 피아노 아래 모서리에 자꾸 배를 찧는 것. 아이들의 시선을 맞추기 위해 늘 숙이던 허리가 좀 더 무거워진 것. 가위·풀·자료 등 생각나는 것들을 그때마다 휙휙 가지러 가지 못하는 것. 한꺼번에 목록을 적어 모으고 모았다가 '후!' 한숨 한번 내쉬며 몸을 일으켜야 했던 것. 동료교사에게 내가 줄 수 있었던 작은 도움도 주지 못하는 것.

가끔 그 옛날의 매우 민첩했던 내가 그립다.

[16화]

사랑은 간지러운 것

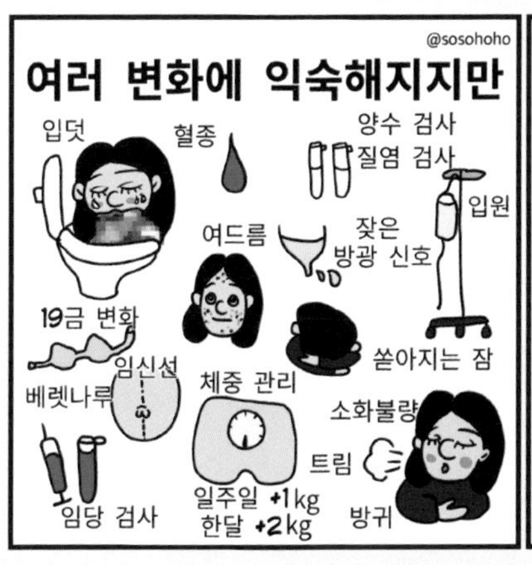

임신하기 전에 책, 영화, 드라마, 그 어디에서도 보지 못하다가 무방비로 당했던 것이 바로 임신소양증이다. 피가 나고 진물이 나도, 간지러움을 없애고 싶은 마음이 훨씬 더 컸다. 로션을 바르고 찰싹찰싹 때려도 보았다. 아픈 고통이 간지러운 고통보다 훨씬 참을 만했다. 피와 진물이 반복하던 그곳은 결국 공룡 피부처럼 두텁고 울퉁불퉁하며 붉게 표가 났다.

만 5세 첫 담임을 맡았을 때, 까무잡잡한 얼굴에 동그란 눈, 큰 키만큼이나 행동이 큰 아이가 있었다. 그 아이의 큰 목소리는 큰 주장을 만들었고, 큰 주장은 고집이 되었다. 또래 친구들은 그 아이가 큰 행동을 멈추고 자기들의 이야기를 들어주길 원했다.

등원 시간과 하원 시간에 그 아이를 꼭 안아주었다. 그리고 작은 목소리로 "OO야, 선생님이 많이 사랑해." 하고 말했다. 때론 작은 목소리가 더 큰 힘을 가진다는 것을 아이가 느낄 수 있도록. 장난을 치며 내 품을 빠져나가던 그 아이는 시간이 지날수록 나를 꼭 안아주었다. 그 아이가 다른 친구들의 이야기를 들어주기 시작하자, 함께 놀이하는 친구가 점점 많아졌다.

하루는 그 아이의 옆구리를 콕 찌르며 물었다.

"혹시 선생님한테 하고 싶은 말 뭐 없어?"

그 아이는 쑥스러운 표정을 지으며 조금 고민한 후 말했다.

"간지러워요!"

맞다. 사랑이다.

'지금 이 간지러움이 배 속에서부터 전해오는 엄마에 대한 너의 사랑이구나. 그렇다면 간지럽게 사랑하며 살자 우리. 하지만 임신소양증은 출산과 함께 제발 그만.'

[17화]

역아 과제는 팀플이었어

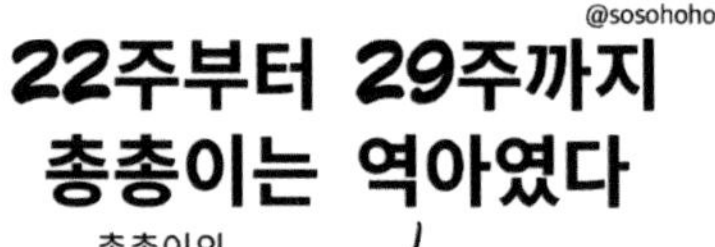

@sosohoho
22주부터 29주까지
총총이는 역아였다
총총이의
신기한
자세들

양수 속에서 신나는 시간
*역아: 양수가 많아 태아가 비교적 자유롭게 움직여서
머리가 위쪽에, 다리가 아래쪽에 있는 자세.
양수에 비해 아기 몸집이 커지는 임신 말기에는
저절로 정상위로 바뀌는 경우가 대부분이다.

@sosohoho
역아의 느낌은 강렬하다
엇!
화장실...
방광
찌릿
찔끔
아무도
모르겠지?
*임산부 요실금: 자궁이 방광을 압박하여 발생
출산 후 바로 돌아온다!

@sosohoho
자연스럽게 자리를
여보! 자리 돌아왔어!
잘했어
기특하네
아기가
준비를
잘하네요
아기 위치 잘 돌아왔어요
자연분만, 제왕절개 다 가능한 자세입니다
다시 잘 잡은 총총이

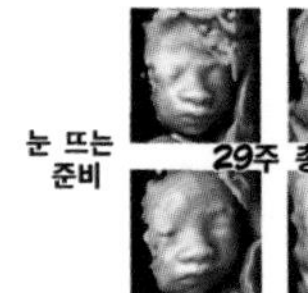
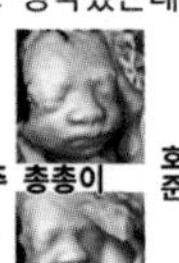

엄마, 아빠만 준비를
하고 있다고 생각했는데
눈 뜨는
준비
29주 총총이
호흡
준비
총총이도 준비를 하고 있었구나
#소소한 컷

"수납장 정리, 소독, 옷 정리, 집 청소, 범퍼침대 조립, 온습도기, 가습기 필터, 그리고...

여보, 또 우리 준비 뭐 해야 하지?"

출산 전 과제가 이렇게 많을 줄이야.

이번 검진에서의 과제는 '역아'였다.

"여보, 고양이 자세가 도움이 된대."

"여보, 옆으로 눕어서 자면 돌아오기 쉬울까?"

"산책을 다녀올까? 걸어서 도움이 되었다는 이야기가 있네."

출산의 과제는 모두 엄마, 아빠의 몫이라고 생각했다. 자그마하게 내 몸속에 자리한 너에게도 크나큰 역할이 있다는 걸 모르고.

"아기가 방향을 아래로 향하게 잘 돌아왔어요. 제왕절개, 자연분만 모두 가능한 자세가 되었네요."

사실 배 속에서 너도 스스로 자리를 바꾸며 준비하고 있었는데 말이다.

출산은 엄마의 신체적 준비에 아빠의 정신적 도움이 더해져, 아이를 만나기 전까지 부모가 하는 일이라고 생각했는데, 이럴 수가! 이미 우리 가족 셋, 함께 준비하고 있었다.

교사와 부모. 어른이기 때문에, 어른이라서 모든 과제를 혼자서 다 이끌어가느라 몸과 마음의 힘을 빼지 말기를. 아이와 함께하는 팀플. 그들은 이미 준비가 되어 자신의 역할을 기다리고 있으며, 그것을 해냈을 때, 커다란 성취감을 느낀다.

[18화]

태동은 어떤 느낌이야?

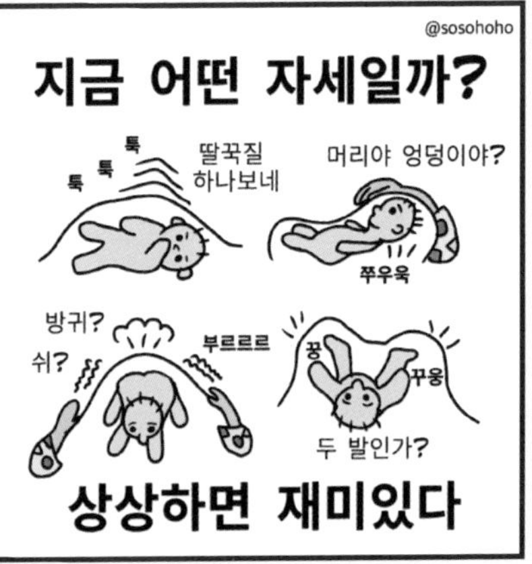

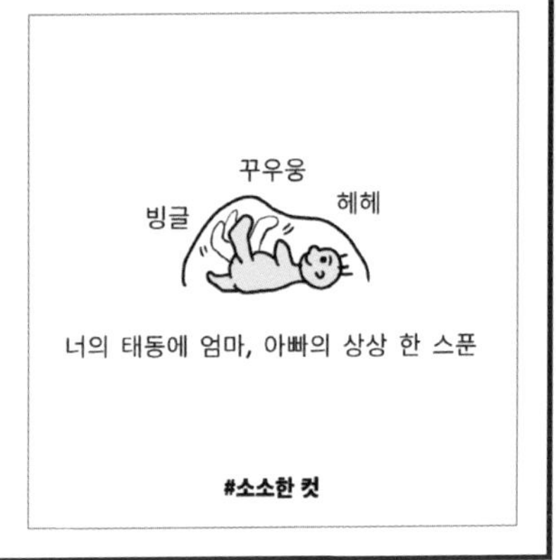

“유치원에서 아이들은 어떤 것을 배워요?”

“아이들이 가고 나면 선생님들은 뭘 해요?”

소개팅에서 만난 남편은 늘 나의 일을 궁금해했다.

“아기, 잘 보겠네요.”

만년 똑같은 레퍼토리의 궁금증 없이 던지는 한마디와는 달랐다. 궁금한 게 왜 이렇게 많을까? 신기했고, 고마웠다.

“남자라서 못 하는 것 중에 가장 아쉽다.”

궁금한 것이 많은 남편은 이번엔 태동의 느낌을 궁금해했다.

아파?

찌르는 것 같아?

미는 느낌?

불편한 느낌인가?

그냥 갑자기 느껴져?

흠, 어떤 느낌이냐면...

배 속에서 비눗방울이 톡톡 터지는 것 같은 느낌.

밀가루 반죽에 구멍이 나지 않을 만큼 꾸욱 누르는 느낌.

잔물결이 후다닥 치고 빠지는 느낌.

배 속에서 핸드폰 진동이 울리는 느낌.

인주에 손가락을 푸욱 담는 느낌.

물수제비 뜬 공이 지나가 찰랑거리는 느낌.

바람 가득 담긴 탱탱 공이 세게 튕겨 나가는 느낌.

빼근하고 먹먹하고 가끔은 아프기도 하지만 재밌기도, 설레기도 해서 기다리게 되는 그런 느낌이야.

[19화]

엄마의 마음을 알아간다

@sosohoho
옛날에는 잘 몰랐던
엄마 집에 간식 없어?
출출한데…
왜 이렇게 살쪘어!
밀가루
줄이고
과일
먹어
과일!
보풀
초코
아이스크림
편한 스웨터
새 옷
좀 사 입어
@sosohoho
엄마의 마음을
다이어트 중!
왜 이렇게
살 빠졌어?
고기는
괜찮아
안 먹어
한 번 맛만 봐
네가 잘 먹던 아이스크림~

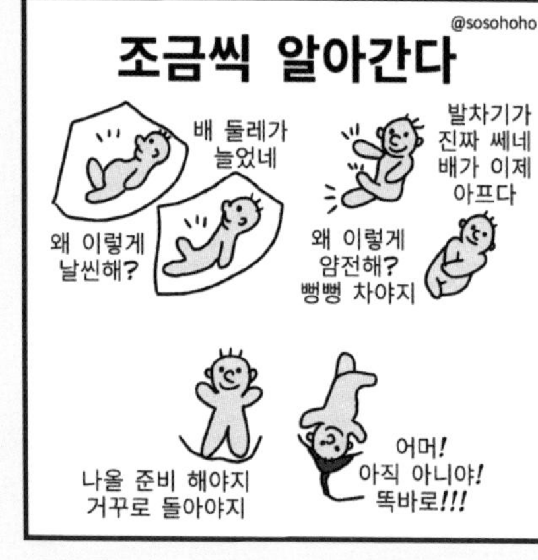

@sosohoho
조금씩 알아간다
배 둘레가
늘었네
왜 이렇게
날씬해?
발차기가
진짜 쎄네
배가 이제
아프다
왜 이렇게
얌전해?
뻥뻥 차야지
나올 준비 해야지
거꾸로 돌아야지
어머!
아직 아니야!
똑바로!!!

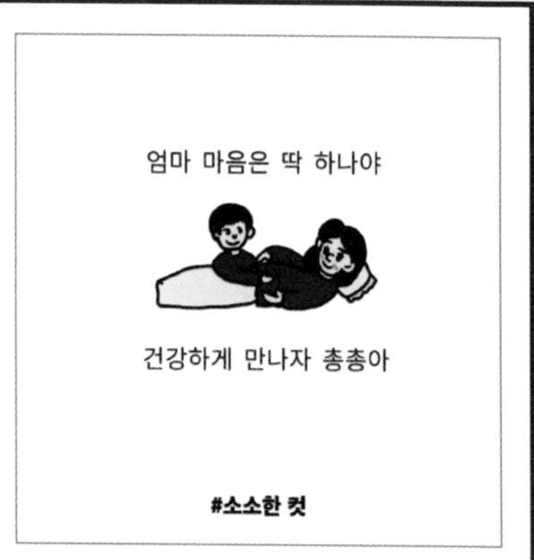

엄마 마음은 딱 하나야
건강하게 만나자 총총아
#소소한 컷

"이거! 이거! 얼른 입에 넣고 가!"(엄마)

"아오! 양치했다고."(나)

"왜 빨리 안 와! 오늘도 늦었어!"(아빠)

"가요~ 아니, 내가 아니고 엄마가 그래!!!"(나)

"조금만 늦으면 차 쭉 막혀! 나도 늦는다고!"(아빠)

"이거 가져가서 차에서 먹으면서 가, 그럼!"(엄마)

고등학교 시절, 아침이 되면 그야말로 서로가 목청을 울리는 전시상황이 되었다. 하지만 늘 마지막까지 울리는 건 손에 호두와 잣을 잔뜩 쥐여주시며 보내는 엄마의 목소리였다.

그만 드러눕고 살을 빼라시던 엄마는 한 입만 더 먹으라 하시고, 왜 이렇게 여기저기 약속이 많냐던 엄마는 요즘은 왜 아무도 안 만나냐고 하신다. 방에 들어가서 진득하게 공부하라시던 엄마는 이런 날 하루는 공부도 쉬는 거라고 하시고,

애가 왜 이렇게 마음이 콩알만 하냐시던 엄마는 나보다 더 소심하게 맘 졸이고 계셨다.

어릴 때 엄마의 이해할 수 없는 그 변덕스러움에 대해 물으면, 엄마는 "너도 나중에 네 아이 낳아봐라. 알 거다." 하고 말씀하셨다. 그런데 아이를 아직 낳기 전이지만, 배 속에 있는 너로 인해 조금은 알아간다. 끝까지 호두와 잣을 쥐여주시던 엄마의 마음을.

아직 내가 모르는 엄마의 마음은 앞으로 또 얼마나 많이 남았을까?

[20화]

출산을 준비하자

@sosohoho
쉬지 않고 돌고 도는
덜덜덜
돌돌돌
그 다음 차례!
세탁기와 건조기

@sosohoho
출산 준비는
여보~ 우리 수건은 삐뚤빼뚤 개더니
삐뚤
총총이 꺼는 엄청 각 잡혔어!
반듯

@sosohoho
엄마, 아빠 모두
내 것은 대충 넣고
티슈처럼
쏙쏙
뽑아서
총총이 꺼는 차곡차곡
딱딱 각 잡아서

이렇게 엄마, 아빠도
총총이 만날 준비 다 되어가
#소소한 컷

4월에 결혼식을 올렸다. 나는 남편에게 아이들과 함께하는 생활을 지킬 수 있도록 신혼여행을 여름방학에 가자고 했다. 남편은 나에게 짧게라도 신혼여행의 기분을 내고 오자고 했다. 그렇게 우리는 5월 가정의 달 연휴에 맞추어 괌으로 3박 4일 신혼여행을 다녀왔다. 여행에서 돌아온 우리에게 총총이가 반갑게 찾아왔다.

만약 남편이 제안한 그 여행이 아니었다면 나의 신혼여행은 시간이 많이 흐른 뒤에 가는 가족여행이 될 뻔했다. 총총이가 겨울방학이 끝날 무렵, 이제 곧 세상에 나오게 되었으니 말이다.

"아기가 조금 일찍 나올 수도 있을 것 같아요. 준비하셔야겠어요. 산모님은 최대한 누워 있으세요."

이럴 수가. 31주에 받은 초음파 검진에서 총총이는 벌써 자궁경부를 열고 있었다. 자궁경부의 길이가 벌써 1cm도 안

되는 0.75cm가 되었고, 아기는 2.5kg이 채 되지 않는 1.7kg 인데, 벌써 나올 준비를 하고 있다니.

'너도 느끼고 있었니? 그날 하루 엄마가 또다시 펑펑 울었는데.'

35주에 맞추어 계획했던 우리의 출산준비는 그렇게 너에게 맞추어 앞당겨졌다. 아기의 옷과 손수건, 손 싸개, 천 기저귀들을 쉴 새 없이 빨았다. 혹시나 이 준비가 다시 무리가 되어 자그마한 네가 또 서두를까 봐 걱정이 되었다. 남편과 노래를 부르며 앉았다가, 누웠다가 그렇게 천천히 준비를 했다.

우리가 계획에서 맞추어야 할 것은 벌써부터 신혼이 아니라 가족이 되어 있었다.

[21화]

총총이가 태어났어요

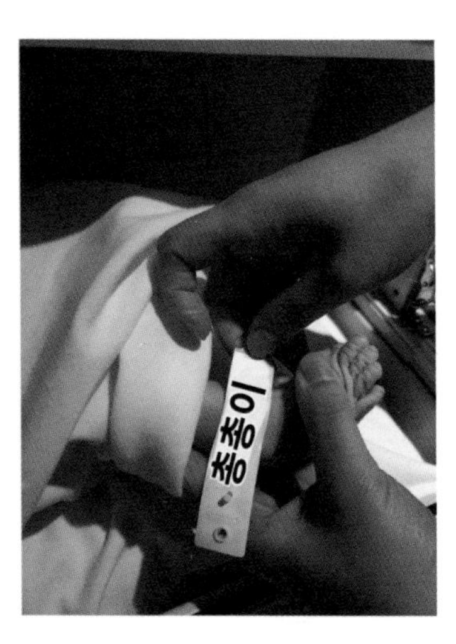
@sosohoho
엄마와 아빠가 되었습니다
총총이
40주 4일
3.04kg
총총아
반가워
고마워
사랑해

아파. 아. 아파. 아프다.

아스흐흡. 후.

여보, 나 너무 아프다.

아. 아프다.

"으아아아아아아아악!"

"으아아아아아아아아아아앙!"

그 울음소리에 신기하게도 고통과 아픔이 싸악 사라지고, 미소와 눈물이 멈추지 않았다.

결혼식 후 촉촉한 눈망울로 "내 인생에 가장 큰 감동의 날이야. 이런 날은 또 없을 것 같아." 하던 남편은 출산 후 퉁퉁 부운 눈망울로 "와! 여보, 진짜 오늘 이 순간은 내 인생에서 또 없을 큰 감동이야." 하였다.

'총총아, 나오느라 고생했어.'

'총총이 엄마, 낳느라 고생했어.'

'총총이 아빠, 우리 모두를 지키느라 고생했어.'

내가 만나던 수많은 아이들아, 너희들이 이렇게 소중하게 태어났구나.

내가 만났던 수많은 학부모님께, "정말 고생 많으셨습니다."

[에필로그]

아빠의 편지가 너에게 닿기를

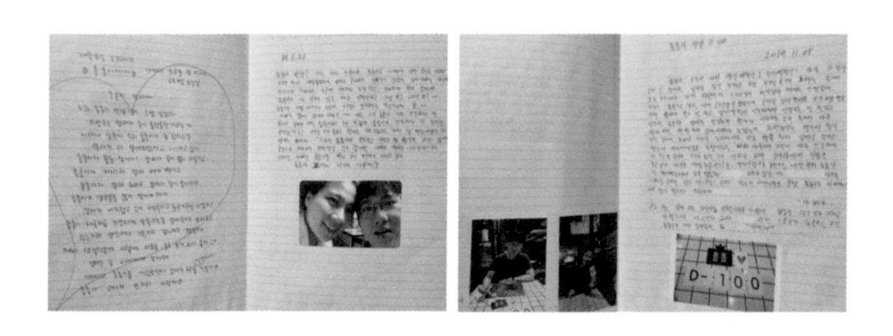

〈7주 0일〉 **총총아, 안녕?**

나는 너의 아빠야. 총총이를 가지면서 이런 일기를 쓰려고 며칠 전에 엄마에게 얘기했었는데, 엄마도 좋아해서 일기장이 생겼어. 총총아, 고마워. 반가워. 사랑해. ♡

〈7주 3일〉 **사랑하는 총총이**

오늘 낮에 엄마가 바람 쐬고 싶어 해서 우리 집 앞 공원에 다녀왔어. 산책하기 좋더라. 여기에 계속 살게 된다면 총총이도 유모차 타고 꼭 가보자.

〈12주 7일〉 **총총아**

아빠는 엄마의 배가 불러오는 걸 보고, 점점 내가 아빠가 되었다는 게 실감이 나기 시작했어. 이제부터 엄마가 잘 먹어야 총총이가 잘 큰다는데, 아빠가 요리를 맛있게 해서 엄마를 먹이도록 할게.

〈20주 3일〉 **우리 아들 총총이**

오늘 아침에 아빠가 손 얹으니까 발로 쿵쿵 차는데 얼마나 귀엽고 사랑스럽던지.

〈33주 6일〉 **사랑하는 아들 총총아**

어제 검진을 하러 갔는데 자궁수축이 좀 보인대. 엄마의 절대 안정을 위해 아빠가 요리도, 집안일도 다 할 예정이야. 아기가 그냥 잘 생겨서 나오는 게 아닌가 봐. 총총아. 엄마랑 우리 딱 한 달만 버티자!

〈38주 4일〉 **총총아**

오늘은 바구니카시트를 설치했어. 각도가 중요하다고 해서 아빠가 수평계 앱으로 각도도 재보았단다. 배면 각도가 135도가 제일 좋다는데, 다행히도 그 정도 나오더라. 어제는 아빠가 병원에서 조리원까지 운전을 하며 혹시 도로에 쿵쿵하는 부분이 있나를 확인했어. 총총이는 나중에 커서 엄마, 아빠가 이렇게까지 한 줄은 몰랐겠지? 아빠도 총총이를 갖기 전에는 몰랐어. 총총이도 나중에 아기가 생기면 알 거야.

〈40주 0일〉 **총총아**

오늘 엄마가 이슬을 봤어. 이게 뭐냐면 총총이 머리가 엄마 배 속에서 밖으로 나오는 길을 건드렸다는 소리야. 다시 말해서, 곧 나온다는 뜻이지! 엄마는 지금 샤워를 하고 언제라도 나갈 준비를 했어. 잘할 수 있지? 며칠 뒤에 보자, 총총아, 사랑해! 아빠가.

〈소소한 육아 tip〉

'아빠의 육아'를 함께하기

어느 날 남편이 나에게 먼저 '육아일기'를 제안했다. 아날로그를 좋아하는 남편은 공책과 펜을 가지고 왔다.

"여보는 좋은 아빠가 될 것 같아."

"그래? 나는 잘 모르겠어. 나는 임신을 안 해서 여보보다 총총이랑 가까울 수가 없잖아. 여보는 항상 같이 있어서 엄마라는 느낌이 들 텐데. 그래서 이렇게라도 나도 아빠인 걸 느끼고 싶어."

'어머니의 문지기 역할'과 아버지의 육아 참여가 서로 관련이 있다는 연구가 있다. '어머니의 문지기 역할'이란 출산과 동시에 엄마는 육아의 문지기가 된다는 뜻이다. 엄마는 아빠에게 육아에 대한 문을 열기도 하고, 닫기도 한다. 부모가 되는 일은 엄마와 아빠 모두에게 처음이지만, 임신과 출산을 통해 아이와 먼저 교감하는 엄마는 자연스럽게 통제권을 가진다. 출산 후 수유와 돌봄의 시간이 늘어날수록 엄마는 더 강한 문지기가 되어간다. 반면, 우리 사회는 아빠 육아의 중요성을 강조하며 아빠의 육아 참여를 독려하고 있다. 그러니 결국 엄마는 문을 닫아걸지 말고, 아빠는 적극적으로 문을 드나들어야 한다.

임신과 출산의 과정에서 아빠는 엄마보다 자연스럽게 아이와 몸과 마음의 거리가 멀 수밖에 없다. 그래서 출산 후 아빠는 아이를 처음 만나지만, 이 만남이 엄마의 것보다 늦었다는 느낌을 받을 수 있다. 임신과 출산 과정에서부터 아빠도 육아에 함께 참여함으로써 이를 극복해 보자. 엄마의 배에 손을 올려두고 책을 읽어주거나, 육아일기를 함께 써보는 시간을 갖는 것을 추천한다.

'유아 아버지 교육' 강의 첫 시간에는 자기 아버지에 대한 이야기를 한 명씩 돌아가며 낭독한다. 솔직하게 강의실을 가득 채우는 아버지들은 모두 저마다의 사랑을 가졌다.

세상에 다른 엄마들이 있는 것만큼 세상에는 다른 아빠들이 있는데, 어떻게 아빠의 육아를 엄마의 통제에 모두 맞추라 할 수 있을까? 아빠의 시간에, 아빠의 표정으로, 아빠의 목소리로, 아빠의 놀이로, 아빠의 사랑으로, 아빠는 그렇게 아이를 만나면 된다.

아빠의 마음 담긴 이 편지가 언젠가 아이와 가깝게 만날 날이 오는 것처럼.

제2부

고마워, 아들과 함께

- 실전은 늘 이론처럼 흘러가지 않는다 -

[22화]

소소한 호호 그리고 재재

내 인생에 대학과 대학원,

내 인생에 교사,

내 인생에 결혼.

나는 이미 두 팔을 벌려 나에게 찾아온 것들을 맞이하였다. 살면서 한 번쯤 그려본 것들이니까.

내 인생에 '엄마'.

쿵! 질끈 감았던 눈을 다 뜨기도 전에 탯줄이 잘린 아이가 내 품으로 벅차게 밀려 들어왔다. 온 몸에 움직일 힘이 하나도 남지 않았다고 생각했는데, 나는 냉큼 두 팔을 벌려 아이를 안았다. 그렇게 나는 엄마가 되었다.

그 공이 낯설다고 놓아버리지 않고, 벅차다고 차버리지 않고, 힘들다고 던져버리지 않았다. 품에 소중히 껴안고 내 인생에서 새롭게 시작된 이 경기에 참여했으니, 아가야! 이 정도의 시작이면 엄마도 꽤 괜찮은 플레이어 아닐까.

[23화]

진통은 모를 수가 없다

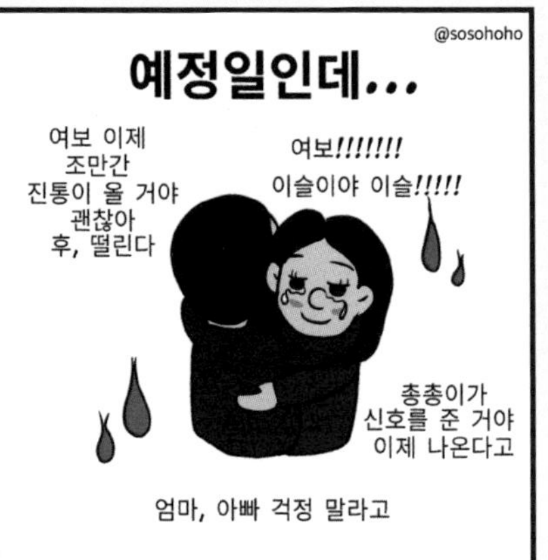

옛날이야기에 보면 우산장수와 소금장수 아들을 둔 어머니는 햇빛이 나도 걱정, 비가 와도 걱정을 한다. 31주부터 아기가 빨리 나온다는 말에 걱정하다가, 40주에는 나오는 걸 잊진 않았을까? 걱정을 한 걸 보면 어머니의 이래도 걱정, 저래도 걱정이란 말은 옛날이야기만은 아닌 듯싶다.

출산까지 양수가 터지는 느낌, 가진통과 진진통의 느낌, 모든 느낌은 글로 배웠다.

'오늘도 아무 소식이 없네.' 하고 잠에 들 때면 '혹시 내가 푹 자버리면 너의 신호를 놓치지 않을까?' 싶었다.

조금만 더 깨어 있어 볼까? 그렇게 핸드폰을 만지작거렸다. 분만을 머릿속으로 상상하다가 미세한 움직임이 들면, 이게 '통증' 아닐까? 신경을 곤두세웠다. 그러다 결국 '내일은 꼭 만나자.' 하고 배를 쓰다듬으며 잠이 들었다.

그렇게 그날이 왔다. 깊은 잠에 빠져있어도 너의 신호는 단번에 알 수 있었다. 배 속에서 '엄마!!!' 하고 두드리며 큰소리로 나를 불렀다. 그동안의 시뮬레이션보다 훨씬 강렬해서, 참을 수도 잊을 수도 없는, 그야말로 진통이었다. 출산의 날이 바로 오늘이라니. 이제 드디어 너를 만나 품에 안을 수 있다니.

걱정을 거꾸로 생각해 보면 말이다. 사실, 걱정할 일이 아닐 수 있다.

옛날이야기에 나오는 그 어머니의 우산장수 아들은 비가 오면 장사가 잘되고, 반면에 소금장수 아들은 햇빛이 나면 장사가 잘된다.

40주 동안 출산에 대한 나의 크고 작은 걱정이 진통으로 모두 '펑!' 하고 터져버렸다.

나도, 너도, 우리는 그렇게 다 잘되게 되어있다.

[24화]

10시간의 출산 과정

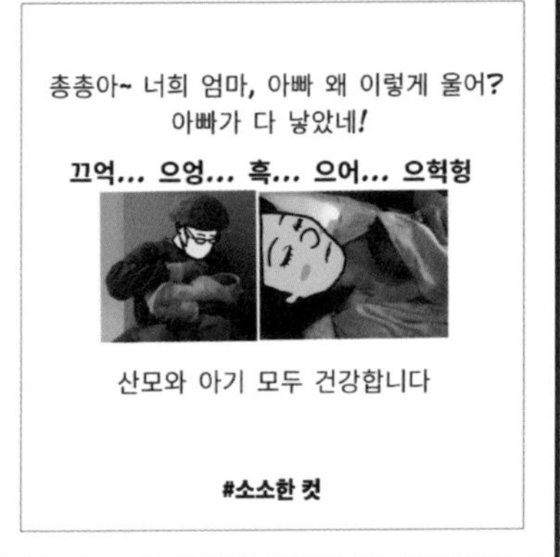

분만의 과정은 경이롭고, 감동적이고, 그리고 아팠다.

진통이 시작된 후, 남편과 함께 참여한 병원 산전교실 내용을 떠올렸다. 우선 진통 어플을 켜고 깨끗이 샤워를 했다. 진통이 밀려올 때는 움츠린 몸을 필 수가 없었고, 진통이 멈추면 다음 진통이 오기 전에 후다닥 옷을 갈아입었다.

출산을 앞둔 나는 두려움을 웃음으로 덮어보았다.

"여보, 나는 역시 씩씩한 엄마인가 봐."

"여보, 나 할 만한 것 같은데?"

하지만 잘 내려오던 아기가 갑자기 골반에서 멈춰 서서는 요리조리 놀기 시작했다. 있는 힘껏 힘을 주어도 모자라, 조산사 선생님들은 모두 내 배 위에 올라타 아기를 꾹, 꾸욱 눌러 밀어냈다. 나중에 알게 된 사실인데, 분만실 밖에서 기다리던 엄마 앞으로 의료진이 긴급하게 나를 위한 산소통을 들고 뛰어갔다고 한다. 내가 숨을 제대로 쉬었는지, 정신을 놓았는지는 그때도 지금도 기억나지 않는다. 나는 뿌연 안개 속에 있었다.

드라마에서 "으아아아악!!!!!" 하며 소리 지르는 분만 과정은 사실 다 거짓말이다. 아프다고 소리 지를 힘까지 모두 아기를 밀어내는 데 써야 해서 소리를 지를 수가 없다. 그날 새벽부터 다음날 오후까지, 10시간 동안의 분만 과정을 적어보니, 신기하게도 이 몇 줄이 전부다.

아, 아기를 만나기 직전에 남편에게 나를 좀 살려달라고 했던 기억이 난다. 그 말이 무색하게 고통이 사라지며 아기가 내 품에 안겼다.

의사 선생님께서 "내가 여기 있는데 왜 남편한테 살려달라고 해?" 하며 웃으셨고, 조산사 선생님께서 "아우, 누가 보면 아빠가 아기를 낳은 줄 알겠어요." 하며 웃으셨다. 분만실을 채운 선생님들의 웃음소리가 들리지 않을 만큼 남편과 나는 펑펑 울었다.

'좋았다.' 세 글자에 그 감정을 다 담기 어려울 만큼 좋았다.

그리고 그날 이후 이제 세상에 내가 못 할 일은 없다.

[25화]

수유텀과 엄마텀

@sosohoho
생후 5주까지
재재 어머니
수유콜 드릴까요? 아니면 쉬실래요?
콜 주세요~
조리원
조리원은
천국이라더니
바쁘네
수유텀은 1시간~2시간

@sosohoho
집에서 육아 시작
으앙!!!!!
레이스
스타트
트림은
중요해
예쁘다
1. 수유 20분
2. 트림 10분
조리원은 천국이 맞다

@sosohoho
째깍째깍
으앙!!!!!
눕히면 우네
휴 잔다
제발...
제발....
제발......
4. 눕히기
5. 안아 달래기
6.눕히기
7. 다시 빨리 재우기
8. 눕히기
3. 재우기 10분
수유텀이 지나간다

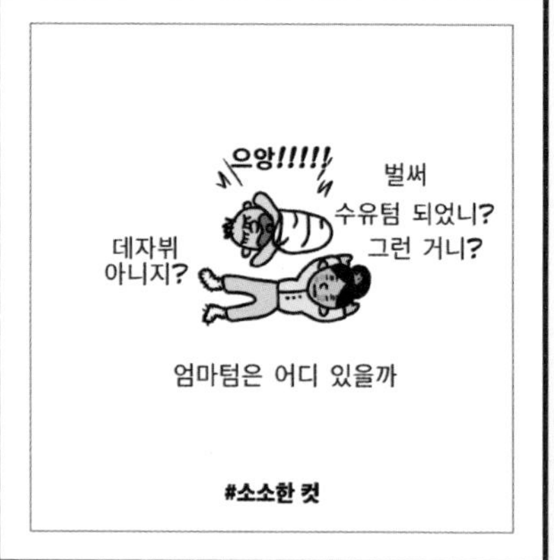
으앙!!!!!
벌써
수유텀 되었니?
그런 거니?
데자뷔
아니지?
엄마텀은 어디 있을까
#소소한 컷

대학에 입학하고, 처음 만난 교수님께서 물었다.

"여기, 유아교육과에 들어오고 싶어서 들어온 사람, 손 들어보세요."

낯선 강의실에서 만난 학생들 사이로 올라온 손은 그리 많지 않았다.

나는 들어오고 싶어서 들어온 것일까? 끝까지 고민을 하느라 손을 들지 못했다.

교수님께서는 걱정 말라고 하셨다. 본인도 그랬으니까. 그래도 일단 왔으니, 본인처럼 열심히 공부해 보라고 하셨다. 교수님께서는 유아교육을 열심히 공부해서 결국 대학 전체 수석으로 졸업하셨다. 유아교육에서 공부한 것들은 아이를 기르고, 사람을 만나는데 많은 도움이 되었고, 절대 헛되지 않았다고 하셨다.

그래, 살아가다 보면 내 인생에 모두 도움이 되겠지. 그렇게 믿고 열심히 공부했다. 최우등 졸업장을 받으며 대학을 졸업하고, 성적장학금을 받으며 대학원 석사와 박사과정에 진학했다.

살면서 무언가에 진심을 다해본 적이 있는가? 밀린 드라마를 정주행하거나, 맛집을 찾아 긴 줄을 기다려보는 것처럼 말이다. 진심을 다한다는 것은 몸과 마음을 모두 쓰는 일이다. 시간과 노력도 아낌없이 들여야 한다.

나는 이제 '육아'라는 과제에 진심을 다해야 한다. 이번에는 들어오고 싶어 들어왔다고 자신있게 손을 들 수도 있는데, 못 할 것이 어디 있겠는가.

내가 꼭 하고 싶었다. 그리고 잘 해내고 싶다.

[26화]

예방접종 나들이 가자

몸조리를 하며 아기와 매일 집에 있었다. 햇빛도 보고 싶고, 바람도 쐬고 싶은데 왠지 마음이 썩 내키지 않았다. 10kg이 넘는 배가 하루아침에 쑥 빠졌기 때문인지 으슬으슬, 공허한 느낌이 들었다. 조금만 걸어도 지칠 것 같고, 바람 한 결에도 감기가 들 것만 같았다.

아기의 예방접종 날, 나는 분명 눈이 펑펑 내리는 날 출산을 했는데, 남편이 말하길 지금 밖은 아주 따뜻한 봄 날씨란다. 나는 그래도 발목을 덮는 양말과 긴 가디건을 껴입었다.

감기와 피곤은 웬걸. 그날은 살랑대는 바람도 좋았고, 반짝이는 햇빛도 좋았다.

주사를 맞고서 바동거리며 아프다고 말하는 아기의 울음소리에 눈을 질끈 감았다. 이런! 눈물, 엄마가 이게 참 많아 문제다.

앞으로 나는 아이가 크는 과정에서 부모로서 많은 눈물을 보겠지. 아픔의 눈물, 기쁨의 눈물, 속상함의 눈물일 것이다. 친구 때문에, 선생님 때문에, 그리고 스스로의 문제로 흘리는 눈물일 수도 있고 말이다. 그때마다 엄마는 너의 마음을 함께 나누고 눈물을 닦아줄 수는 있지만, 너의 세상을 눈물 한 방울 없는 낙원으로 만들어 줄 수는 없단다. 그래서 엄마는 더 이상 눈을 질끈 감지 않을 거란다. 엄마가 우느라 눈을 감아버리면, 너의 모습을 볼 수 없으니까. 눈물을 닦아내며, 몸과 마음이 더욱 성장하는 너의 모습을 지켜보려면, 엄마 또한 성장해야 한다.

아기야, 그러니까 아파도 맞아야 한단다. 네가 건강해지는 주사란다. 세상이 너를 맞이하기 위함이란다. 살랑대는 바람을, 반짝이는 햇빛을 마음껏 즐길 준비.

엄마도 아빠도 그리고 너도, 우리 모두 그렇게 건강해지자.

[27화]

우리 집에는 캐릭터 부자가 산다

동글동글 귀엽고 발랄한 한 아이가 있었다. 가족들은 그 아이를 태명인 '꿍디'라고 불렀다. 그 아이는 활동지를 받으면 이름 칸에 자기 이름이 아니라 '꿍디'라고 적었다.

'아니, 저렇게 예쁜 이름을 두고 왜 자꾸 오래된 태명을 부르는 걸까?'

초등학교 들어가기 전에 자기 이름을 똑바로 적어 보겠다는 아이의 옆에 앉아서, 이름 두 개를 적는 것을 기다려주었다.

"아기 총총이 어디 있나요. 우리 총총이~"
"잘생긴 총총이 어디 있나요. 우리 총총이~"
"멋진 총총이 어디 있나요. 우리 총총이~"
"재재가 왔어요~ 싱싱한 재재가 왔어요~"
"재재가 왔어요~ 튼튼한 재재가 왔어요~"
"재재가 왔어요~ 똑똑한 재재가 왔어요~"

리듬에 맞추어 끝없이 이어지는 남편의 노랫가락.

'꿍디!' 가족들도 이런 마음이었겠지.

[28화]

아기 재우는 자장가

@sosohoho
재재를 재우는 건
여보~ 다른 건 다 해도
재우는 건 난 못 하겠어
아무래도
나랑 자는 걸
연습하니까
내 역할이다

@sosohoho
사실 많은 연습 끝에
머리 쓰다듬기
싫어요
안아 재우기
제발
제발
제발
앗 다시...
재재야
누워서
자야지
옛날이야기
아..으..ㄹ
응...
엄마, 아빠가
옛날에...
같이 수다를 떠네
노래 부르기
노래
감상 중
기쁜 날
좋은 날
사랑하는
재재

@sosohoho
하품이 잦을때
바로 눕히기
쉬쉬쉬~
손 차렷
손 차렷
안 하면
비비거나
빨면서
잠투정이
심해져
자장가(작은별)
재재 자고 엄마 자고
아빠 자고 할머니 자고
할아버지 자고 왕할머니 자고...
강남 자고 강북 자고...
서울 자고 부산 자고...
강원도 자고 경기도 자고...
한국 자고 러시아 자고
베트남 자고 스위스 자고...
오케이
내가 해볼게
나만의 방법을 찾았다

빼꼼
여보~
내가
할까...?
츄릅
아니야 괜찮아
일본 자고 중국 자고...
오늘은 세계일주 하겠는 걸
#소소한 컷

아이들의 놀이시간이 유난히 다르게 다가오는 날이 있다.

점심시간이 되어 놀이가 끝나는 종을 울렸는데, 기다렸다는 듯이 만들었던 것을 '쏴아아!' 하고 바구니에 담아 분주하게 정리하는 소리가 들리지 않는다. 아이들이 "5분만 더요." 하고 응석을 부린다. 이 '5분만'은 파도가 되어 "5분만! 5분만! 5분만!" 하고 교실을 넘실거린다.

"뭐야 너희들, 밥 안 먹는다고? 선생님 배고픈데." 하고 말하면서 나는 웃음이 난다.

오늘 너희들 신나게 몰입해서 많은 것을 배우고 있구나.

"알았어. 딱 5분만 더 놀자."

그리고 나는 10분을 더 내어준다.

품 안에 쏙 들어오는 작은 너를 키우면서 가장 하고 싶었던 것은 내 잠을 제때 자고 싶은 만큼 자는 것이었다.

훗날 재재가 크고 나면 "엄마, 제발 나 5분만 더 잘래." 할 때가 오겠지. 그때가 오면 “얼른 안 일어날래!” 하고 이불을 걷어내기 전에 한 번 떠올릴게. 지금 곤히 자는 귀여운 너의 모습을. 그다음 너의 잠투정을 모른 척 넘기며 10분 후에 다시 깨울 거야. 아마도 살며시 미소를 머금은 채로.

그러니 오늘은 엄마가 잠투정 좀 할게.

“제발, 엄마 딱 5분만 더 자자.”

[29화]

육아는 할부 결제

@sosohoho
월화수목금토일
웃챠챠챠챠
ㅇ....이...ㄹ..으갸..
ㄹ..R..이
츄릅
굿모닝!
우리는 매일이 똑같지만 재재야~
오늘은 월요일이야 월요일!
요일이 의미가 없다

@sosohoho
오늘도 레이스 스타트
엇!!!
잠시만
혹시...?
킁킁
안 싸는 게 문제지
잘 싸면 좋은 거야
잘했어! 엄마랑 기저귀 갈자

@sosohoho
기저귀 갈... 으앗!!!
푸쉬~
뒤척
뒤척
아니야
아니야!!!
씻자
재재야...
으아아아앙!!!
엄마도 울고 싶다

여보... 오늘 언제 와?
주말... 언제 오니?
끄...흡
츄릅
어쩌면 요일은 의미가 깊다
#소소한 컷

자연분만과 제왕절개.

사람들은 말한다. 자연분만은 고통의 선불제이며, 제왕절개는 고통의 후불제이라고.

출근과 육아.

나는 말한다. 출근은 피곤의 일시불 결제이며, 육아는 피곤의 할부 결제라고.

유치원에 다닐 때, 바쁘게 몰아치는 하루를 지나 퇴근을 하면 침대에 누워 푹 쉬는 그 시간이 좋았다. 5일의 피곤이 지나 찾아오는 2일의 주말은 짧지만, 아주 달콤한 꿀맛이다. 그런데 출산과 함께 육아를 시작하니 낮도 밤도 없고, 5일도 없고 2일도 없다.

혹 누군가가 유모차를 끌고 산책하는 아기와 엄마를 보며 여유로워 보인다고 말하거나, 집에만 있어서 좋겠다고 부러워하거나, 한가하고 심심하지 않냐고 걱정한다면 꼭 말해주고 싶다.

가끔은 반나절 몰아치더라도 나만의 쉬는 시간을 푸욱 갖고 싶다고.

[30화]

아기의 투정은 엄마에게

@sosohoho
평소처럼 목욕 후
우리 재재
이제 잘 시간이야~
왜 울지?
기저귀
아니고
트림도 했고
열도 없는데
으아아아앙!!!
밤 수유 그리고 잘 준비

@sosohoho
재재~
아~빠! 아빠!
여보
아기 이제 자야 해
넵!
춤추며 등장
그리고 빠른 퇴장
으앙!!!!!
배고팠나?
더 먹고 잘까?
오늘 따라 심한 잠투정

@sosohoho
엄마의 푸념
오늘은 왜 울기만 하고 안 자는 거야?
엄마가 옛날엔 선생님이었어
눈빛만 봐도 다 알아
재재가
누워서
잘 자는 거
엄마도
이제
졸린데
재재가 잘 자야
엄마가 설거지도 하지
여보
설거지 그냥 둬
내가 할게

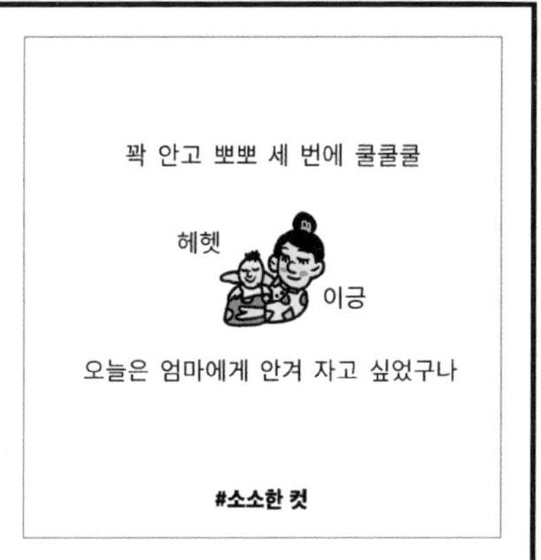

꽉 안고 뽀뽀 세 번에 쿨쿨쿨
헤헷
이긍
오늘은 엄마에게 안겨 자고 싶었구나
#소소한 컷

학부모 상담 때 듣는 비슷한 질문이 하나 있다.

"왜 유치원에서는 앉아서 잘 먹는데, 집에서는 안 그럴까요?"

"선생님은 정리를 잘한다고 하시는데, 집에서는 안 그래요."

당연하다. 집이니까, 엄마니까 그렇다. 사회생활과 가정생활 사이의 모습이 닮아가는 데에는 시간과 연습이 필요하다.

학창 시절, 이해되지 않는 선생님의 말씀에도 웃으며 잘 보이려 했다. 알게 모르게 달라진 친구의 온도에 내 온도를 맞춰갔다. 새벽까지 독서실에서 문제를 풀다가 졸고 있는 내 모습에 화가 났지만, 영차영차 나의 하루를 끌어갔다.

그리고 집에 도착하는 순간!

"오늘 하루 어땠어?" 하고 묻는 엄마의 물음에 "아 몰라!!! 나 졸려!!!" 하고 방으로 들어가 방문을 쾅 닫았다.

투정.

엄마는 잘 보이려 하지 않아도 나를 잘 봐주신다. 온도가 달라졌다고 날 떠나지 않으실 것이며, 나만큼 나를 잘 이끌어 주실 것임을 알았기에 그렇게 투정을 부렸다.

아기야, 너의 투정을 이제 내가 품어주는 것을 보니 나도 엄마가 되었구나. 엄마도 그럴게. 늘 너의 편에서, 너를 떠나지 않고 오늘처럼 꼭 안아줄게.

[31화]

우리는 항상 너를 응원해

인지 심리학자 레프 비고츠키는 유아의 발달에 적절한 스캐폴딩(scaffolding)을 제안한다. 부모와 교사의 적절한 도움은 아이를 지원하여, 그들이 계단을 점프하듯이 발달하도록 한다.

그렇다면 '적절한 도움'이란 과연 무엇일까? 적절한 것은 늘 어렵기 마련이다. 아이에게 도움을 적절하게 주고 싶다면, 그들이 점프할 때인지를 살펴야 한다. 그리고 '그때'라는 것은 아이의 마음에 달려 있다. 아이가 점프하고 싶을 때가 곧 점프할 때이다. 점프할 마음이 없는 아이에게 점프를 강요한다면, 아이는 계단에 넘어지고 말 것이다.

그렇다면 모든 것은 아이에게 달려 있을까? 아이가 안 하고 싶다고 하면 어쩌지? 아이의 마음은 부모와 교사가 만들 수 있는 것이 아니지 않은가?

맞기도 하고, 틀리기도 하다. 아이의 마음은 부모와 교사에게 달려 있기도 하다. 우리는 아이를 계단까지 데려가면 된다. 계단 아래서 놀도록 하고, 다양한 계단을 보여주기도 한다. 아이는 계단에 관심을 가지게 될 것이다. 자연스럽게 계단을 오르고, 그 다음은 스스로 점프하고 싶어질 것이다. 나는 그것이 우리의 역할 중, '응원'이라고 생각한다.

뒤집기–걷기–입학–학교–시험–입시–취업–결혼

앞으로 다가올 수많은 너의 점프. 우리는 항상 너를 응원해. 오늘처럼 늘.

[32화]

충족은 중요하니까

@sosohoho

프로이드가 말했으니

리비도는 쾌감을 기저로 하는
본능적 욕구이며 발달에 따라서는
구강기-항문기-남근기-잠복기-생식기
단계를 거칩니다

애정과 에너지를 집중하는 과정으로
구강기에 제대로 욕구가
충족되지 못하거나 과잉되면
이후 손톱을 물어뜯는다거나
빠는 것에 집착하는
증상들이 나타납니다

프로이드(심리학자, 의사)
(1856~1939)

너의 평안한 구강기를 위해서

아빠 발 빠는 거 아니야!!!!!
쪽쪽이 빨아 이거!
스윽

엄마는 선택적으로 리비도를 제공할 거야

#소소한 컷

'독박 육아', 얼마나 무거운 단어인가. 우리는 이 무거운 단어를 너무 가볍게 푸념하는 것은 아닐까?

당직 근무라 잠도 제대로 자지 못하고 일하는 남편에게 '잘자. 내일 봐♡' 하고 문자를 보낸 뒤, 재재와 함께 불을 끄고 누웠다.

오늘 시간이 참 안 갔다느니, 나 혼자 재재 목욕시키기가 힘들었다느니, 내 설거짓거리를 줄이고 싶어 그릇 하나에 밥과 반찬을 담아 먹었다느니, 누워서 재재와 말하며 힘든 시간을 버텨봤다느니, 이런 나의 독박 이야기는 최대한 줄여본다. 그곳에서 독박하고 있을 남편을 위해.

독박과 독박을 둘이서 하고 있는데, 과연 이것이 홀로(獨)가 될 수 있을까.

결국 함께 잘하고 있는 것이다.

오늘은 내 마음의 리비도를 충족시킨 밤이다.

[33화]

안녕, 우리의 첫 집

@sosohoho
젊은 날의 우리는
뭘 해도 좋았던 시절
한 칸의 집에서 시작했다

@sosohoho
그 집에서
너무 작고 귀엽다 그지?
그니까 정말 예쁘다
아기도 우리 집을 좋아할까?
그럼! 좋아할 거야
아기가 태어났다

@sosohoho
그런데 조금씩
언제 이렇게 컸지?
걸음마
방이 있으면 좋겠다
충분하지 않은 것 같다

우리 가족의 첫 집, 안녕
#소소한 컷

집 크기가 뭐가 중요해.

TV, 소파 없는 것이 뭐가 중요해.

전공이 다른 학생 부부지만, 마음만은 참 닮았던 우리에게는 최고의 집이었다.

좌회전 신호를 기다리며 길게 늘어선 차 사이에 있으면, 먼저 학교에서 돌아온 남편이 창문을 열고 손 흔드는 모습이 보였다.

그렇게 우리는 그 집에서 함께 꿈을 키웠다.

나에게는 13살 차이가 나는 어린 남동생이 있다. 아무것도 모를 것만 같던 그 막둥이 남동생이 하루는 이런 말을 했단다.

"엄마, 근데 재재가 걸음마 하는 공간이 너무 짧더라. 애가 몇 걸음 걸으면 뒤로 돌고, 또 몇 걸음 걸으면 끝나. 누나

네 이사해야 하는 거 아니야?"

동생의 말을 전해 듣고 괜히 시큰해졌다. 단칸방이면 어때. 남편과 함께 부족한 것 하나 없이 참 행복했던 집이었다. 하지만 이제 집은 나와 남편 둘만의 공간이 아니라, 아이까지 함께하는 셋의 공간이 되었다.

그래, 이사 가자.

[34화]

감사하는 마음을 전해요

감사함을 전하지 못한 날이 있다.

사람들이 정말 많이 모이는 곳이었다. 그곳에서 사람에 치이며 밥을 먹고, 커피를 마시면서도 머릿속에는 내일 아침 출근 생각이 가득했다. 그때, 하필이면 비가 억수로 쏟아졌다.

'우산을 안 가지고 왔는데 어쩌지.'

'역에서 집까지 그냥 비 맞고 뛰어갈까.'

'우산을 살 곳이 있을까.'

"데려다줄게."

집 앞까지 데려다주는 차 속에서의 그 시간이, 사람 가득한 곳에서 보낸 긴 시간보다 더 좋았다.

소소, 호호, 그리고 재재가 생긴 지금에서야 생각해보니, 그것이 모든 것의 시작이었다.

아이와 한가족이 되는 일은 아이의 탄생부터라고 생각했

지만, 어쩌면 그보다 훨씬 이전인 우리의 만남부터였는지도 모른다. 그렇다면 아이의 행복도 결국 엄마와 아빠의 행복에서부터 시작되는 셈이다.

그땐 알았을까. 우리가 이렇게 결혼하여 부모가 되었을 줄이야.

'늦었지만 전할게. 그때 나를 집까지 데려다줘서 정말 고마워, 여보! 행복하자 우리!'

[35화]

엄마가 만든 노래

@sosohoho
직업병 중에 하나는
재재야 무슨 놀이 할까?
브럭!
블럭 좋아?
브럭 죠아!
이건 뭐야?
붕~ 배!
우리도
붕~ 배
타 봤지?
수다스러움

@sosohoho
그리고
오늘은
뭘~ 해서 먹을까나아아~
비누가 떨어집니다~
눈을 꼭꼭 감으세요~
한 줄 기차
나~갑니다
칙칙
폭폭
빵빵
흥얼거리기

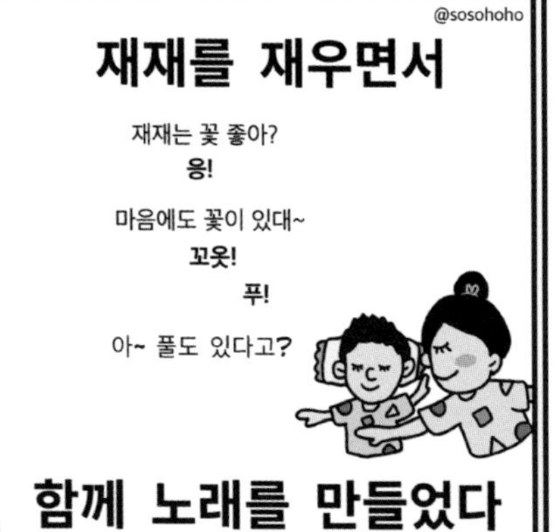
@sosohoho
재재를 재우면서
재재는 꽃 좋아?
응!
마음에도 꽃이 있대~
꼬옷!
푸!
아~ 풀도 있다고?
함께 노래를 만들었다

저작권 승인 완료!
[한국저작권위원회]
귀하의 등록신청에
대하여 등록이
완료되었습니다.
ㅇ 등록번호 :
제C-2021-
(그리고 여보도!)
ㅇ 제호 : 엄마가 너에게
재재의 지분도 한가득
#소소한 컷

어떤 가수 겸 작곡가가 방송에 나와서 말했다. 자신의 이야기를 담은 노래가 유독 마음속에 남는다고.

노래를 표현한 오선지의 길이와 지우고 써 내려간 고민은 그와 견줄 것이 못 되지만, 곡에 담긴 큰 마음만큼은 유명 작곡가와 다름이 없다.

찬이 노래 선물

[에필로그]

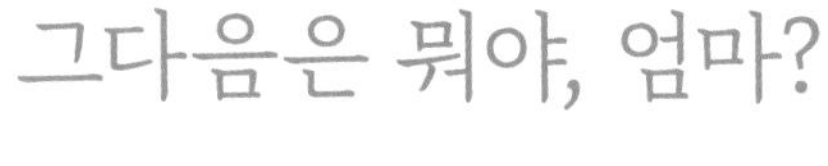

엄마, 나 어린이집 다음엔 어디 가?

유치원에 가지.

유치원 다음엔 어디 가?

초등학교에.

초웅학교? 그다음은?

중학교.

중학교 다음은?

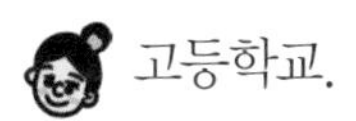
고등학교.

(씨익) 고등학교 다음은?

대학교.

대학교 다음은?

대학원.

대학원 다음은?

일을 하지. 취업.

츄업 다음은?

결혼하지.

결혼한 다음은?

아기도 낳지. 아빠가 되는 거야, 재재도.

아기 낳은 다음은?

아기를 잘 기르지.

기르는 게 뭐야?

잘 클 수 있게 도와주는 거야.

엄마도 아빠도 재재를 잘 기르고 있지.

기르는 거 다음은?

…….

응? 기르는 거 다음은 엄마?? 엄마???

음……. 기르는 거 다 하면 그땐 뭐가 있을까? 행복하게 가족이랑 살아야지.

행복한 거 다음은?

그 다음은 없어.

왜?

행복한 게 제일 좋고 큰 거라서, 그게 다야. 전부야.

〈소소한 육아 tip〉

아이의 질문에 끝까지 답해보기

부모교육 강의에서 누군가 질문을 했다.

"요즘 아이가 계속 의미 없이 말장난을 하는데, 어떻게 해야 할까요?"

아이가 흥미를 찾는 시간일 수 있으니 다른 것으로 관심을 전환해보는 것도 좋다. 엄마, 아빠의 짜증이 높아질 만큼이라면 잠깐 숨을 고르며 못 들은 척해도 괜찮다. 그러나 가끔은 엄마, 아빠가 도리어 말장난처럼 질문을 해보거나 끝까지 답을 내어 보자. 너의 질문이 끝나나, 나의 답이 끝나나 내기를 하는 것처럼 말이다.

석사과정에 있을 때, 유대인의 교육법인 하부르타에 대해 연구했다. 하부르타를 얼핏 보면 아이들의 말장난과 닮았고, 가까이에서 보면 질문에 배움과 성장이 모두 담겨있다. 아이들과 나는 이를 '질문놀이'라고 불렀고, 우리는 한참 질문놀이에 빠져 있었다. 아이들은 서로 질문을 했다. 대답이 딱히 궁금하지 않은, 억지로 만든 질문 같기도 했고, '왜'만 앞에 붙여서 만든 똑같은 질문 같기도 했다. 그러나 말장난처럼 들리던 대화의 흐름은 아이들의 질문과 대답 속에서 바뀌어 갔다. 좁혀지고, 확장되고, 구체화되고, 기발해졌다. 질문과 답의 과정 속에서 정보를 얻기도 하고, 문제를 해결하기도 하며 깨달음을 얻었다.

오늘 아침 어린이집 가기 전, 옷을 입히는데 재재가 묻는다.

너에겐 그저 어린이집에 가기 싫어 꼬리에 꼬리를 무는 질문이었을 수도 있다. 하지만 속는 셈 치고 답을 내다보니, 나중에 엄마가 꼭 너에게 들려주고 싶은 이야기가 되었다.

의미 없는 말장난에서 가끔은 의미가 나오기도 한다. 아이들의 질문에 다시 질문하고, 끝까지 답해보자.

사랑해, 두 번째도 아들

- 박사과정 시작과 함께 찾아온 두 번째 파랑색 -

[36화]

내 인생, 이제 시즌 4

시즌 1은 연애,

시즌 2는 결혼,

시즌 3은 첫아들,

그리고 두 번째 임신을 했다. 내 인생의 시즌 4.

“이전 등장인물들은 그대로지만, 새로운 캐릭터가 등장합니다. 좌충우돌, 우왕좌왕, 맵고 짜고, 달고 상큼한 그들의 성장 이야기를 이제 시작합니다.”

첫 임신과 출산은 내게 너무나 크고 무거웠다. “둘째 언제 가져?” 주변에서 안부 인사로 건네는 한마디에 나는 안녕하지 못했다. 그러던 어느 날, 엄마에게만 나의 마음을 울면서 터놓은 적이 있다.

“둘째를 왜 꼭 가져야 해. 그게 무슨 법칙이야? 엄마가 감당하는 범위에서 하나든 둘이든 셋이든 낳는 거지. 안 그래?

난 지금이 좋아. 좋다고!" 그 후로 누구도 나의 안부를 둘째로 묻지 않았다. 단, 남편만 빼고.

남편은 두 아이와 함께하는 모습을 상상해 보자고 했다. 나의 언니와 남동생, 남편의 여동생, 모두가 모이면 어떤가? 좋다. 어릴 적 차를 타면 앞자리에는 아빠와 엄마가 등을 보이며 앉았다. 그래도 괜찮았다. 뒷좌석에서 언니와 수다를 떨다 보면 사실 아빠와 엄마의 뒷모습을 볼 새도 없었다. 그렇게 넷이 차를 타는 모습이 우리 가족에게도 있으면 좋겠다는 생각이 들었다. 임신과 출산의 과정을 다시 마주하는 것이 두렵지만, 혼자가 아니다. 남편과 재재, 나에겐 든든한 지원군이 이미 둘이나 있다.

그렇게 내 인생에 둘째라니.
세상에서 가장 용기를 잘 낸 일이다.

가만,
둘째는 아들일까? 딸일까?

[37화]

재재에게 임밍아웃

@sosohoho
새 학기에는
이 질문들에 대해 생각해보세요
최근 읽은 책
좋아하는 음식/이유
좋아하는 음악
요즘 가장 많이 시간을 보내는 사람
나의 대학시절
요즘 가장 많이 하는 말
역시 자기소개 시간

@sosohoho
내가 요즘 많이 하는 말?
엄마 속이 안 좋아
재재랑 엄마랑 이제 뭐 놀까?
미안해
엄마 안아주떼요
엄마 번쩍 못 안아줘
미안해 재재야
미안해 재재야…

@sosohoho
내가 요즘 가장 많이
먹을 때도
수업 들을 때도
잘 때도
요즘 나와 24시간 함께하는 사람
시간을 보내는 사람은…

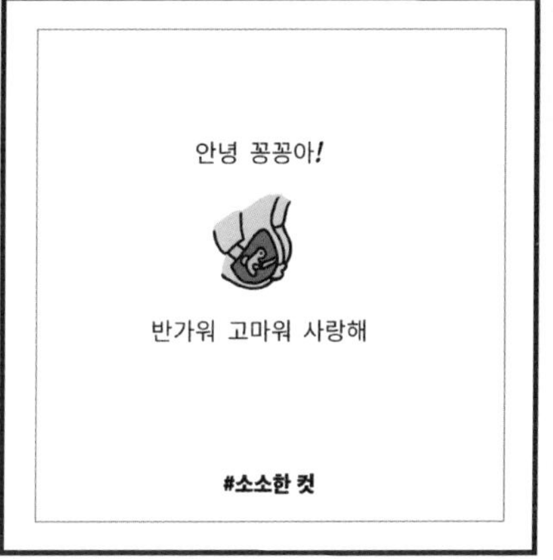

안녕 꽁꽁아!
반가워 고마워 사랑해
#소소한 컷

재재는 초음파 화면으로 동생을 처음 만났다. 어색하면서도 설레는 표정을 지었다. 검은 화면 속 움직이는 무언가가 왜 엄마 배 속에 있는 내 동생인지 아직 실감 나지 않는 듯했다. 이제 겨우 2년이란 세상을 살아온 너에게는 처음 느껴보는 복잡한 감정이겠지.

'환하게 손 흔들어줘서 고마워. 첫째가 되는 준비는 이제 하면 되지 뭐. 사실 엄마도 아들 둘의 엄마가 되는 것은 30년 인생에서 처음이거든. 엄마, 아빠와 함께 잘 해내 가자.'

덧.

언젠가 멀리서라도 이 글을 보고 계실 교수님께.

박사과정 첫 학기, 아침 1교시 수업 들으러 가는 길에 왜 그렇게 속이 울렁거리던지. 봉지 하나를 꼭 차에 두고 입덧으로 토하며 다녔는데, 이상하게 교수님 수업 시간만 되면 3시간을 견디던 배 속 둘째가 벌써 두 돌이 지났습니다.

'유아교사론' 수업에서 만난 교사들은 모두 아이를 정말 많이 사랑하고 있었습니다. 누구보다 아이들을 진심으로 응원하고 있었고요. 그들이 만났던 수많은 아이들만큼이나 다양한 학부모의 이야기를 들었습니다. 옷을 빨지 않고 입혀 보낸 아빠, 소풍 도시락을 깜빡한 엄마도 있었지요. 저도 교사 시절 그런 경험을 한 적이 있습니다.

"선생님, 주말에는 아빠 집이고 오늘은 엄마 집 간다니까요." 그 아이는 누구보다 야무지고 똑똑했습니다. 평소에는 깔끔하게 빗은 머리에 색깔을 맞춘 옷을 입고 유치원에 오던 아이가, 주말이 지난 월요일에는 입가에 우유 자국이 남아 있는 채로 헝클어진 머리를 하고 아빠와 등원을 했어요. 처음에는 저도 아빠의 사랑이 엄마의 사랑보다 부족하고 서투르다고 생각했습니다. 학부모 상담을 하기 전까지는요. 그 아이의 엄마와 아빠는 각각 상담을 요청하셨고, 저는 그렇게 두 번의 상담을 진행하였습니다. 그러나 두 번의 상담은 모두 같았어요. 그들이 아이에게 보내는 관심과 사랑은 상담실을 가득 채워 저에게 다가왔습니다. "저희 OO 정말 예쁘지 않아요? 걔가 진짜 똑똑한 것 같아요. 선생님, 하루는 말이에요..." 특히 아이와 함께한 주말 이야기를 들려주며 한껏 신이나신 아버님의 모습은 잊을 수가 없습니다. 아이에게 아빠로서 어떻게 도와주어야 할지 진지하게 묻고 받아 적으시던 아버님께 참 감사했습니다. 비록 머리를 빗는 능숙함이나 옷을 고르는 익숙함은 달랐지만, 부모의 사랑은 모두 대단하다는 것을 저에게 알려주셨으니까요. 저또한 그것을 느꼈는데 아이는 이미 그 사랑을 충분히 느끼고 있었을 겁니다.

수업시간에 저는 유치원 교사이자 박사과정 학생, 그리고 엄마였습니다. 이 모든 역할은 저에게 아이에 대한 사랑을 배울 수 있는 기회를 주었고, 아이를 사랑하는 경험을 하게 해 주었습니다. 교수님, 저의 모든 경험이 값지다고 말씀해 주시고, 많은 교사들의 이야기 속에서도 부모로서의 제 이야기에 귀 기울여 주셔서 감사했습니다. 건강하세요.

[38화]

나의 두 번째 입덧은 과연?

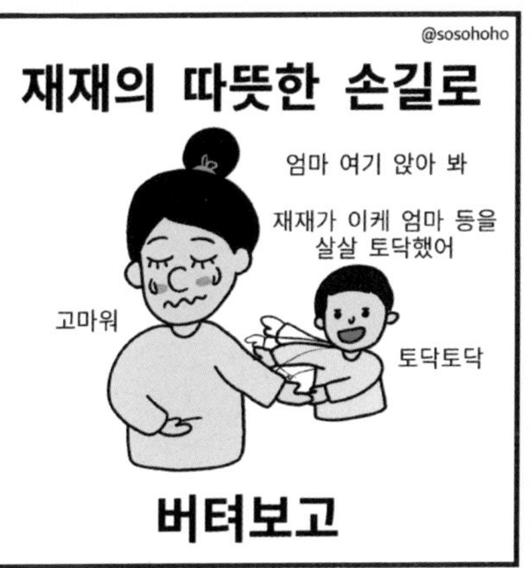

"엄마, 또 속이 안 좋아요? 꼭꼭 씹어 먹으세요."

아직 아기인 너에게 내가 해줘야 하는 이야기를 네가 나에게 해주는구나.

내 두 번째 임신도 입덧 생활이다. 첫 번째 입덧은 무슨 병에 걸린 줄 알았다. 너무 아팠고 많이 울었다. 그러나 이제는 안다. 두 번째 만나는 이 입덧은 곧 배 속 아기를 만나면 사라진다는 것을 말이다. 첫 임신 때는 학교를 다니던 남편이 내 등을 두드려주었다. 이번에는 일을 하러 간 남편 대신 재재가 나를 토닥여주고 있다. 그 모습에 웃음이 나서 가끔은 입덧을 잊을 때도 있다. 여전히 임신의 과정은 쉽지 않다. 그러나 이번에는 아프지 않다. 울지도 않는다. 모든 것이 괜찮아질 거라는 믿음이 있다.

걱정마. 결국 엄마는 너희들로 인해 잘 견딜 거란다.

[39화]

엄마는 예뻐!

@sosohoho
어느 저녁 시간
배부르다
아빠!
골고루 먹어야
영양소가
많이
들어
가요!
야채도 먹고
과일도 좀 먹어
배부르면 남겨
다 안 먹어도 돼
잔소리 중...

@sosohoho
충격 요법을 써 볼까?
재재야 아빠 뚱뚱해?
안 뚱뚱해?
뚠뚠해!
췻!
콕
그것 봐 여보
관리 좀 하자
그렇다면...!!!
환상의 티키타카

@sosohoho
예상치 못한 질문
재재야 그럼 엄마는?
엄마는 뚱뚱해?
안 뚱뚱해?
(긴장)
음 엄마는...

엄마는... 예뻐!
너, 일로 와
누구
아들이야?
엄마, 아빠 아들!
참 잘 키웠다
#소소한 컷

"여보, 꽁꽁이가 딸이면 나도 여보랑 재재처럼 꽁꽁이랑 커플 옷을 입을 거야. 분홍색 꽃무늬 원피스는 어때? 나중에 커플 가방도 같이 사야지. 머리도 비슷하게 길러서 머리 스타일도 맞출 거야. 정말 예쁠 것 같지 않아?"

"파랑입니다."

와! 이번 생에 나에게 남자 복덩어리들이 이렇게 많이 찾아올 줄이야.

든든한 세 남자 사이에서 나 혼자 예쁜 공주님이 될 수 있다니! 원피스도, 가방도, 긴 머리도 나 혼자 예쁘게 할게.

그래, 딸이든 아들이든 엄마는 좋다 좋아! 아주 좋다!

[40화]

우리 집 첫째들과 둘째들

늘어나는 데이터가 일상이 되어버리고, AI가 세상의 방대한 데이터를 분석하여 대답해 주는 시대. 이 시대를 살아가는 부모에게 행운이 아닐 수 없다.

"첫째들은 그렇게 하라던데."

"TV에 나오던 박사님이 기다려야 한다고 해서..."

동영상을 보거나 전문 서적을 읽고 상담에 들어오는 학부모에게 내가 과연 어떤 도움을 줄 수 있을까 싶은 요즘이다. 그런데 신기하게도 학부모들의 고민은 더 많아진다.

"그렇게 했는데 왜 안 되죠, 선생님?"

혹시 우리가 거대한 데이터를 수집하느라, 정작 나의 아이에 대한 중요한 데이터를 놓치고 있는 것은 아닐까?

TV 속 아이의 행동과 성향이 우리 아이와 비슷해 보일지라도, 그 아이는 내 아이가 아니다. 그 행동이 나타난 배경과

맥락이 모두 다르다. 신체, 언어, 사회·정서, 인지, 모든 발달이 미세한 톱니바퀴처럼 맞물리며 나타나는 것이 한 아이이기 때문에, 큰 틀의 지침은 있어도 세분화된 전략은 모두 다를 수밖에 없다. 따라서 아이의 가정생활과 기관생활을 공유하는 부모와 교사는 늘 파트너가 되어야 한다.

AI 시대에도 유아교사가 사라지면 안 되는 이유, 빅데이터 속에서 내 아이의 데이터를 구성하는 방법. 나는 그것이 바로 아이를 위한 '관찰'이라고 생각한다.

[41화]

무인도에 혼자가 아니다

"OO이, 오늘 아파서 결석한대요."

교사 시절, 아침에 전해들은 결석 소식은 하루 종일 마음에 남았다. 그래서 일과가 끝나자마자 어머니에게 전화를 걸었다. 어디가 아팠는지, OO이가 많이 힘들어하는지를 물어보고, 친구들이 오늘따라 OO이를 얼마나 많이 찾았는지를 전했다.

엄마가 되어 예고 없이 찾아오는 아이의 뜨끈한 이마는 매번 갑작스럽다. 계획된 약속은 정말 미안하다는 말을 거듭하며 취소한다. 세 번의 식사와 두 번의 간식, 방금 빨래를 갠 것 같은데 다시 돌고 있는 세탁기, 쉼 없이 나오는 콧물 닦아주기, 매시간 열 체크하기, 교차 복용과 해열제 복용 기록하기.

그렇게 일주일이 지나 아이는 다시 어린이집을 갔다. 친정엄마보다 더 나이가 많던 재재의 담임선생님께서는 아이가 아닌 나를 보며 인사를 해주셨다.

"어머니, 일주일 힘드셨죠?"

그 말에 오려던 몸살이 떠나가고 위로를 받았다.

나는 교사 시절에 왜 그런 말 한마디를 건네지 못했을까?

일주일 동안 아이는 엄마 곁에서 즐겁고 편안한 시간을 보냈고, 엄마의 시간은 나질 않았다.

다시 교사시절로 돌아간다면 꼭 전하고 싶다. 아이의 안부와 어머니의 안부를.

[42화]

장난감은 아빠가 사 준 걸로

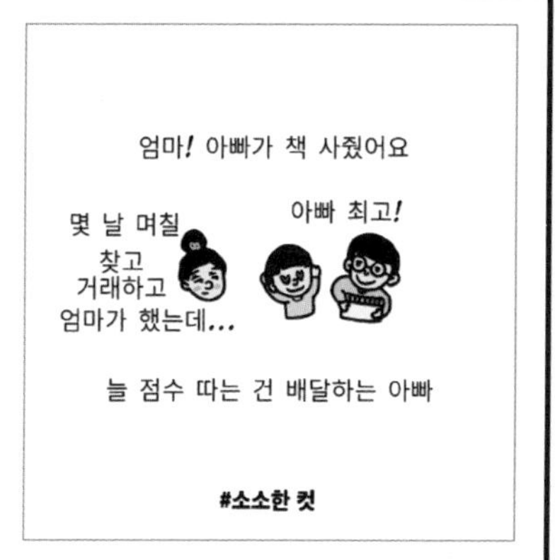

엄마와 아빠의 육아는 모습은 달라도 방향성은 같아야 한다. 방향의 끝에는 아이가 있으니, 사실 다를 수가 없다.

아빠가 사서 들고 온 장난감이 사실 엄마가 고른 것이고, 산타할아버지의 선물 배달이 사실 하늘에서 이루어진 일이 아니면 뭐 어떠한가. 엄마는 아빠의 생각을, 아빠는 엄마의 생각을 나누며 아이만을 위한 육아를 하면 된다.

재재가 어린이집에서 같은 친구에게 세 번째 물려왔다. 많이 아파서 울었다는 알림장을 받고 '아이들이 다 그렇지.' 했지만, 아이가 많이 아팠다니 나도 속이 많이 쓰렸다. "왜 세 번이나 가만히 울고만 있었어!!!" 당직 근무라 집에 오지 못하고 사진으로 아이의 상처를 본 남편의 흥분은 당연했다. 그래도 나는 유아교육 전문가 아닌가. 남편을 달래며 오늘도 남편과 육아를 맞추어간다. 그리고 재재에게도 알려주었다. 친구가 때리거나 물면 똑같이 때리고 무는 것이 아니라, 그 전에 빨리 선생님한테 도망가라고.

'절대 물리지 말고 아프지 말고 와. 그렇다고 남을 물거나 아프게 하지도 말고.'

엄마들은 늘 어려운 걸 요구하지만, 사실 그렇게 어려운 건 아니다.

'다 할 수 있어! 우리 아들 둘! 사랑해!'

[43화]

행복의 빠르기는 중요하지 않다

@sosohoho

박사과정 첫 날

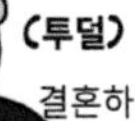

학교 첫 날 어땠어?
어머니... 저 그동안 뭐 했을까요?
사람들이 다 예쁘고 능력 있고
멋지고 부러워요
(투덜)
뭘 했긴~
결혼하고 예쁜 재재 낳아
이렇게 잘 키웠고
임산부인데 예쁘고 박사도 합격하고
너도 부러운 점이 많아

어머니께 위로를 받았다

@sosohoho

아파서 병원을 다녀온 날도

엉엉
걱정 마 별 일 없을 거야
우리 소소와 배 속 아기가
너무 아프지 않게
너무 힘들지 않도록
지켜주고 도와주세요
엉엉
난 애 키우는 것도 버거웠는데
너는 임신하고
애 키우고 공부까지 하니
참 대단한 거야

위로를 받았다

@sosohoho

학교에서 선생님들께

힘드시죠?
대단해요
선생님~
번호 좀
주세요
애 둘에 공부라니…
선생님들
계속 연락해요!
저는 선생님들이
부러운데...

고마운 위로를 받았다

행복의 빠르기는 중요하지 않다

엄마 오늘
기분이
좋아 보인다
그지?
웅!
웅!
남자 셋!
내 행복이
어느새 많네

내 속도에 잘 맞으면 된다

#소소한 컷

우리를 생각하며 밤새 못 자고 일하는 남자 1.

내 옆에서 쿨쿨 잠을 자고 있는 남자 2.

내 배 안에서 자고 있을 남자 3.

어릴 적 내가 원했던 만큼 빨리 달려가기 바빴다면, 어쩌면 만나지 못했을지도 모르는

귀한 남자 셋.

대학을 졸업하자마자 대학원에 진학했고, 대학원에 진학하고 나서 바로 유치원에 취업을 했다.

'내 인생에는 휴학도 휴직도 없는 거야.'

이상하게 나는 너무 오래 쉬면 허전하고 축 처진다. 해야 할 일들에게 먼저 다가가서 손을 내민다. 그리고 그것들을 몰아치듯 처리하면서 에너지를 얻는다.

"맞벌이를 꼭 해서 뭐해. 집에서 애 보지."

"전업주부를 꼭 해야 해? 네 인생을 살아."

누군가에게 한마디를 쉽게 권할 만큼 엄마는 간단한 것이 아니다. 좋은 엄마는 맞벌이, 전업주부 어느 한쪽 그룹 군에서 나오는 후보가 아니니까. 내 가족에 맞는 엄마면 된다. 아이를 잘 키우기 위해 나의 에너지는 어떻게 충전할 것인가? 아이가 나를 보며 좋은 에너지를 얻으려면 어떻게 해야 할까? 이를 잘 아는 엄마가 결국 좋은 엄마다.

그 옛날 훌륭한 엄마로 평가받는 신사임당도 아들 율곡의 곁에만 머물지 않았다. 그녀는 그림을 그리고 글을 쓰는 예술가였다. 한석봉의 엄마 또한 아들이 쓰는 글씨를 간섭하지 않고 홀로 떡을 썰고 있지 않았던가.

좋은 엄마가 되는 것은 나와 내 아이, 각각의 속도에 맞게 행복을 찾아가는 과정에 있다.

[44화]

드디어 아빠와 자기 시작

재재랑 함께 잘 때면 괜히 자다가 재재의 이마를 짚어 체온을 확인해 본다. 그렇게 새벽에 잠이 깨면 다시 잠이 들기 어려워 뒤척인다. 배가 불러오기 시작하면서는 밤에 잠을 더 자주 깬다. 혹시나 재재의 발차기에 꽁꽁이가 다치진 않을까 하는 걱정에 베개를 세우거나 이불을 돌돌 말아서 나의 배를 보호한다.

그리고 드디어 나 혼자 잠을 자는 첫날. 밤사이 내내 개운하게 자다가 눈을 뜨니 아침이었다.

엄마랑 하던 것을 점점 아빠와도 함께하는데, 자는 것이 가장 오래 걸렸다. 그래도 이렇게 엄마와 떨어져 할 수 있는 것이 하나 더 늘었다.

"엄마, 나는 커서 엄마랑 결혼할 거야."

재재는 벌써 결혼 상대로 나를 선택했다.

'네가 엄마를 정말 많이 사랑하는구나. 엄마는 너희들이 이다음에 어른이 되어서 엄마만큼 누군가를 사랑하고, 결혼도 하여 아빠가 되는 상상을 해. 그때를 잘 맞이하기 위해서 네가 엄마 없이 스스로 무언가를 할 때, 엄마는 섭섭함보다 흐뭇함이 더 크단다.'

[45화]

꽁꽁이가 태어났어요

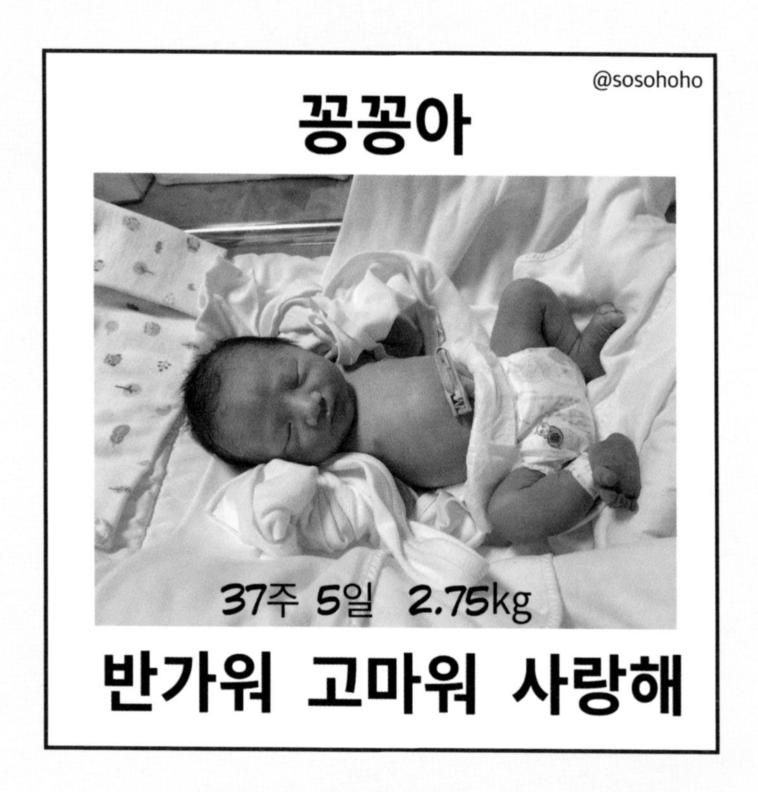

생각보다 일찍 만나게 된 둘째.

우리는 곤히 자고 있는 재재를 깨웠다.

"엄마, 꽁꽁이 지금 태어나는 거예요?"

며칠 전부터 이날에 대해 재재와 함께 상상하고 이야기를 나누어서인지 재재는 울지도 않고 일어나 나에게 묻는다.

매일 껴안고 자는 베개와 가장 좋아하는 인형 하나를 손에 쥐어 주고, 같은 아파트에 사는 친언니에게 재재를 보냈다. 그리고 우리는 병원으로 향했다.

하루아침에 엄마가 동생을 낳아 돌아올 줄 알았을 텐데.

'사실 말해주지 못한 것이 하나 있어, 재재야. 엄마가 꽁꽁이를 낳고 병원과 조리원에서 지내다가 다시 집에 와서 재재를 보려면 2주가 걸린단다.'

양가 부모님과 번갈아가며 함께 있는 재재가 보고 싶어 전화를 걸면, 씩씩하게 '파이팅!'을 외치던 그 밤의 모습은 온데

간데없고, 엄마 왜 안 오냐고 눈물을 쏟아낸다. 그 모습에 나도 어린아이처럼 재재가 많이 보고 싶다고 울며 전화를 끊는다. 이제 두 아이의 엄마가 되었으니, 보고 싶은 마음은 잠시 접어두고 다시 아기 수유를 하러 간다.

첫 출산을 경험한 나는 내가 경력직이라고 생각했는데 겁났고, 아팠고, 조심스럽고, 서툴고, 눈물이 난다.

'곧 우리 네 가족 만나자.'

[에필로그]

찬아, 마음에 들어?

수유를 끝내자, 배부른 찬이가 기분이 좋은지 웃으며 누워 있는다.

이때다.

“재재야, 미술놀이 할까?”

뒹굴거리며 장난감들을 발로 건드렸다가, 장난감 바구니를 쏟아보았다가, 무료해 보이던 재재의 눈빛이 반짝인다. 그리고는 벌떡 일어나 장난감을 후다닥 정리한다.

찬이가 매일 보던 모빌 대에 달려있는 인형들을 떼어내고, 종이 접시에 끈을 달아 매달아주었다. 색종이와 스티커, 가위, 끈, 테이프를 꺼내 주자, 재재는 색종이로 다양한 동물들을 접어 모빌에 매단다.

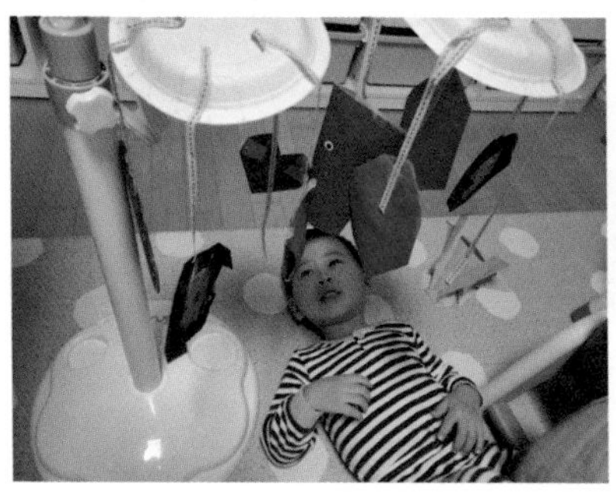

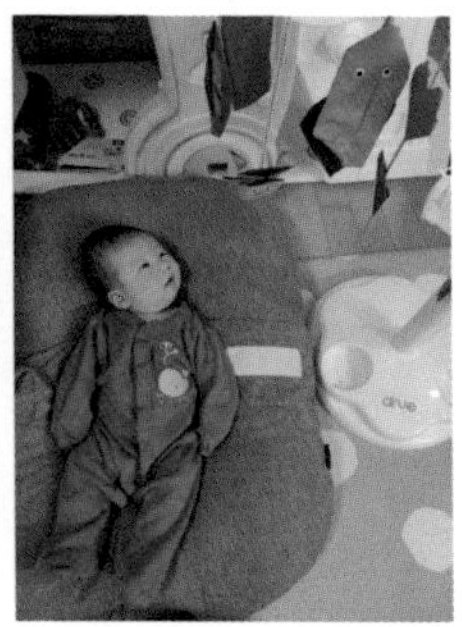

찬이도 매일 똑같은 모빌만 보는 것이 지루했는지, 형이 만들어 준 새로운 모빌을 보며 미소를 짓는다.

"찬아, 지금 뭐 보고 있어?"
"내가 만든 거 봐?"
"어떤 게 마음에 들어?"

"……."

아직 대답 없는 찬이지만, 재재의 말을 듣다 보면 앞으로 둘의 대화가 참 사랑스러울 것 같다.

〈소소한 육아 tip〉

내 아이와 육아를 함께하기

"둘째 가지면 첫째에게 신경을 많이 못 써줄 것 같아요."

부모 상담에서 많이 나오는 고민 중 하나다. 실제로 둘째가 태어나면, 둘째 곁에 붙어 있으면서도 혼자 놀이하는 첫째에게 마음이 쓰인다. 둘째에게도, 첫째에게도 마음만큼 다 하지 못하는 하루를 보내다가 결국 첫째를 위한 시터를 고민하시는 부모님을 많이 만났다.

시터도, 방문 선생님도 엄마와 아이를 위해 꼭 필요할 수 있다. 그러나 그 전에 필요한 것은 바로 '함께'이다.

30명의 아이들을 모두 보듬는 교사들, 육 남매, 칠 남매를 키우셨던 어르신들. 공통점은 '함께'이다. 두 아이가 모두 소중하기 때문에 둘에게 밀착 육아를 해주고 싶은 마음은 부모로서 충분히 이해가 간다. 그러나 둘의 육아를 따로 하려는 것은 에너지가 배로 드는 일이다. 에너지를 많이 쓰는 육아는 부모의 몸과 마음을 힘들게 한다. 양육스트레스가 높은 육아는 부모에게도, 아이에게도 결국 좋은 육아가 될 수 없다.

엄마, 아빠 모두 붙어 하루 종일 아이 둘을 보는 집이 과연 얼마나 많을까?

아이 수만큼 시터를 모시는 집은 과연 얼마나 많을까?

결국 엄마나 아빠는 아이 둘을 혼자서 본다.

사실 혼자가 아니다. 내 아이와 육아를 함께하자.

몸과 마음이 조금 가벼워졌다고 겁내지 않아도 된다. 아이는 내 동생과 함께하는 시간을 즐기며, 엄마가 준 육아의 역할을 어느새 충분히 해내고 있다. 그렇게 아이는 가장 작은 사회관계, 바로 가족과 함께하는 것을 배워간다. 책임감과 성취감을 경험하는 것은 자존감을 높이기 위한 좋은 기회이다.

오늘은 작은 색종이를 만들어 모빌에 매달아보았다.

작은 '함께'를 시작했는데, 어느새 으쓱대며 둘째에게 말을 건네는 첫째의 모습을 만날 수 있었다.

소소한 호호

우리, 남자 셋 그리고 여자 하나

- 유아교육 전문가에서 육아 전문가로 -

[46화]

소소한 호호 그리고 재재와 찬이

첫 번째 출산에서 남편은 해야 할 일들을 두 번, 세 번 나에게 확인했다.

"여보, 이거 해야 하는 거 맞지?"

"이거는 금요일까지 하면 되고?"

두 번째 출산에서 남편은 내가 말하기도 전에 먼저 일을 진행했다. 그러나 이름을 지어주는 일은 첫 번째와 두 번째 모두 아주 신중했다. 부모로서 마음에 드는 이름을 꼭 선물해 주고 싶은 마음이라나.

이름을 짓는 일은 처음에 낯설게 느껴진다. 여러 가지 이름으로 아이를 요리조리 불러 보아도, 배 속에서 열 달 동안 불렀던 태명보다 입에 딱 붙는 이름이 없다. 그런데 신기하게도, 이름을 계속 부르다 보면 마치 태어날 때부터 그 이름을 가지고 태어났나 싶을 정도로, 맞춤복을 입힌 듯 잘 어울린다.

육아도 그렇다. 처음에는 내 삶과 맞지 않는 옷처럼 힘들고, 어색하고, 때로는 우울하게 느껴지기도 한다. 황급히 변해버린 나의 시간, 나의 모습, 나의 하루가 너무 낯설어 야속하게 느껴질 때도 있다. 하지만 시간이 쌓이다 보면, 마치 처음부터 함께했던 것처럼 나와 아이의 하루는 서로 어우러지게 된다. 맛있는 음식을 혼자 먹을 때면 아이가 먼저 떠올라, '다음에는 꼭 데려와야지.' 하고 생각하게 된다. 아이 친구들이 나를 '재재 엄마다!' 하고 부를 때면 내 이름을 부르는 것보다 더 반갑게 들린다.

그러니 서러워하지도 말고 억울해하지도 말자! 우리에게 찾아온 이 아이도 세상을 배우고 성장하기 위해 자신의 하루를 부모와 함께 맞춰 가며 부단히 노력하고 있지 않은가. 그렇게 서로에게 '꽃'이 되어 가는 육아의 과정은, 마치 이름처럼 자연스럽고도 익숙하게 서로의 삶 속에 스며들게 될 것이다.

시작이 반이란 말이 있잖아.
임신, 출산 그리고 이름까지.
네 인생의 반을 엄마, 아빠가 해주었다.
찬이.
소소와 호호, 재재와 찬이.

이렇게 남자 셋과 여자 하나.

앞으로 우리 넷, 찬란하게 빛내며 함께 살아가자.

[47화]

웃음도 미소도 두 배

@sosohoho
둘째를 볼 때
오구오구
꽁꽁아~
꽁꽁아
어머어머
여보 이리 와 봐
아기 눈 떴다!
내가 네 아빠다 아빠!

@sosohoho
미소를 짓고 있다
흐뭇
아기가 이렇게 작았나?
여보 정말 예쁘다 그지?
두 번째인데도 신기해

@sosohoho
첫째를 볼 때
여보 재재 영상통화 왔다
재재야
아빠!!!
엄마!!!
그 사이에
또 컸네
꽁꽁이 보여줘!!!
너~ 아빠가 좋아?
꽁꽁이가 좋아?
꽁꽁이!

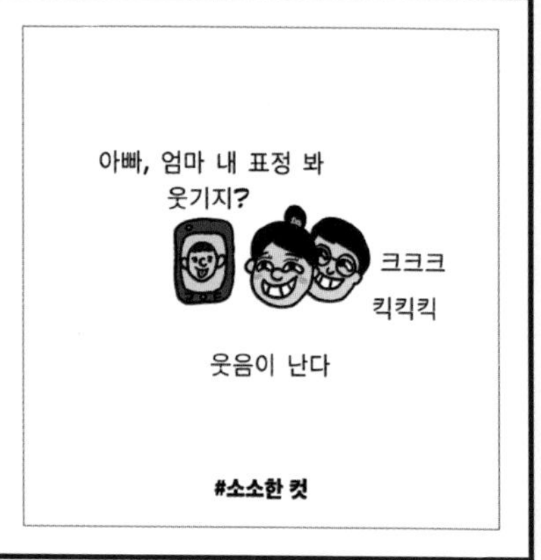

아빠, 엄마 내 표정 봐
웃기지?
크크크
킥킥킥
웃음이 난다
#소소한 컷

첫째와 둘째. 아들 둘.

찬이를 유모차에 태우고, 재재와 손잡고 산책을 나가는 우리를 보며, 주변에서는 이렇게 말을 건네주신다.

"어우, 아들 둘, 힘들겠어요."

맞다. 힘들다.

지금만인가? 앞으로 울고, 화나고, 속이 터지는 날도 창창할 거다.

그런데 말이다. 사람은 행복으로 향하는 탄력성을 가지고 있다. 그렇기 때문에 힘듦이 행복을 모두 덮는 일은 어렵지만, 행복이 힘듦을 덮는 일은 그보다 쉽다.

그래서 출산의 고통은 아이가 주는 행복 앞에서 희미해진다. 넘어진 아이는 시간이 지나 울음을 멈추고 또다시 뛰기 시작한다.

나에게는 어버이가 둘이다. 맞벌이로 바쁘셨던 엄마, 아빠 대신 나는 외할아버지와 외할머니 손에서 자랐다. 초등학교 시절 어버이날 편지쓰기 시간이 되면, 다른 친구들은 한 장의 편지지를 가져갔지만 나는 늘 두 장을 챙겼다. 첫 번째 편지는 매년 비슷한 내용이었다. "엄마, 아빠 말씀 잘 듣겠습니다." 하고 후다닥 써 내려간 편지를 접어 두고, 나는 두 번째 편지지를 꺼냈다. 뒤이어 쓰는 편지는 외할아버지와 외할머니께 드리는 것이었다. 할아버지와 할머니가 한 자 한 자 잘 읽으실 수 있도록 큼지막하고 반듯한 글씨로 감사의 마음을 담았다. 편지를 쓸 때면 마음이 찌릿하고 울컥했다. '할아버지', '할머니'라는 단어는 그분들이 내게 주신 커다란 사랑만큼이나 늘 나에게 큰 그리움과 눈물을 준다. 내가 둘째를 낳았다는 소식을 들은 할머니는 이렇게 말씀하셨다.

"수오야. 옛말에 부잣집에서 순금을 놓고는 안 웃어도, 가난한 집에서 아이들을 보면서는 웃는다고 해."

할머니의 나에 대한 육아는 여전히 진행 중이다. 할머니의 이 말씀은, 엄마로서 더 단단하게 성장할 수 있도록 나의 마음을 길러주었으니 말이다.

아이를 기르는 것은 힘든 일이다. 두 아이를 기르는 것은 더 힘이 들 것이다.

하지만 웃고 미소 지을 일은 그보다 몇 배는 더 많다.

'힘내보자, 여보! 웃을 준비 해.'

[48화]

우린 모두 정말 대단해

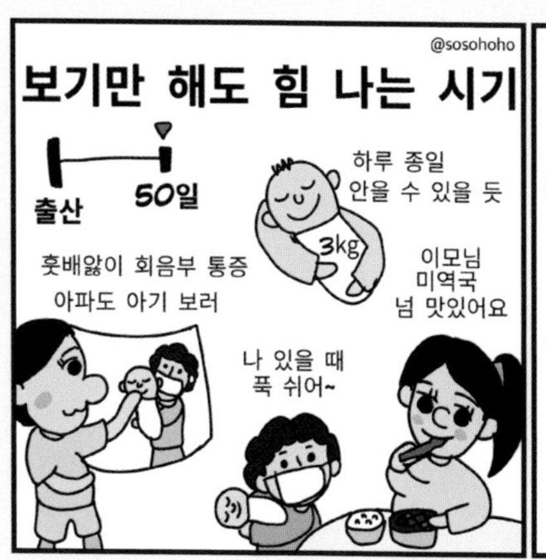

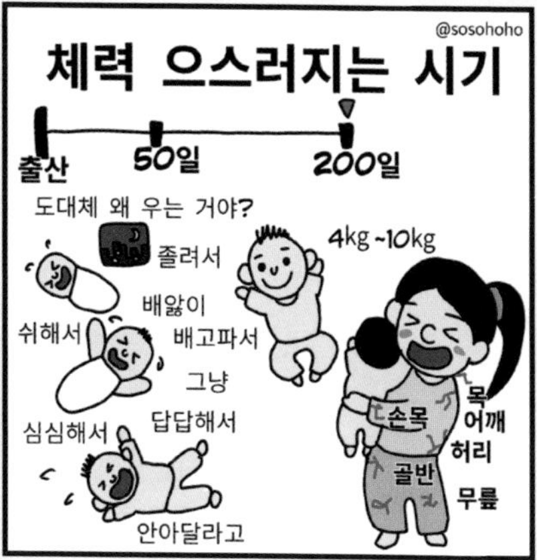

고대와 중세 시대에는 아이들이 선악의 판단 대상이었다. 그들은 군사력의 수단으로 이용되었고, 귀찮고 나약한 존재로 여겨졌다. 근대에 들어서야 비로소 아이들은 존중받기 시작했다. 지금의 아이들은 성인 이상으로 강한 잠재력을 지니고 있으며, 그 존재 자체로 귀하고 소중하다.

내가 이 시대에 유아교육 전문가로 있다는 사실이 얼마나 다행인지 모른다. 그렇게 영유아의 권리와 존중에 대해 배우고 알리는 나지만, 요즘은 재재에게 더 많이 배운다.

찬이가 잠깐 누워 있는 시간이 언제 오나? 그 시간을 기다린다. 찬이가 보채지 않고 잘 누워 있으면, 나는 허겁지겁 곁을 떠난다. 그렇게 밥하고 빨래하며 찬이를 돌봐주지 못한다.

가만히 누워 눈을 깜빡거리는 찬이 옆은 내가 아닌 재재가 지킨다.

“찬아, 나는 파란색을 좋아하는데, 너는 여기서 무슨 색이 좋아?”,

“찬아, 코끼리는 뿌 하고, 기린은 목이 길어.”,

“이 책 한번 읽어줄까?” 하고 찬이 곁에서 진심으로 동생을 대하는 너를 보며 오늘도 나는 소중한 너희들의 가치를 배운다.

우리는 모두 정말 대단해.

[49화]

엄마가 샤워를 하는 시간

어느 날 친구가 나의 안부를 물었다. 남편과 아이들 중심으로 돌아가는 내 삶이 괜찮은지. 그동안 누구도 해주지 않았던 질문에 문득 지금 내 삶을 돌아본다.

아이들을 재우고, 늦은 새벽까지 내 옆에 앉아 오늘은 무슨 공부를 하는지 묻는 남편.

그만 얘기하고 이제 자기 이야기 좀 들으라며, 두 손으로 내 얼굴을 끌어당기는 재재.

자는구나 싶어 슬그머니 손을 빼면 "음마, 꽉 안아!"하며 팔을 잡아끄는 찬이.

꽤나 촘촘해서 쉽게 드나들기 어려운 이 울타리 안에서 나는 어떤가? 참 행복하다.

어렸을 땐 내가 정말 대단한 사람이 되고 싶었고, 되어있을 줄 알았다. 그렇게 명확했던 내 인생의 캔버스는 점점 명

도와 채도가 뒤엉켜 흐릿해져 갔다.

그래, 모든 것을 가질 수는 없어. 가는 길에 버리고, 잃고, 잠시 내려놓았다가 나중에 찾는 것들도 있겠지. 그렇게 생각해왔다.

그런데 오늘 그 안부 덕분에 깨달았다.

아, 나는 지금 행복하구나.

많은 것을 가득 안고 가고 있구나.

그리고 나는 지금, 대단한 사람이 되어 있구나.

[50화]

암호 송수신 완료

@sosohoho
애들을 재우고 나면
자?
아니!
가자
응
보내는 우리만의 암호

@sosohoho
영화와 드라마를
난 쟤가
범인 같아
일단 눕는 스타일
앉아서 보는
스타일
에이
반전이 또
있을 것 같아
같이 보거나

@sosohoho
따로 또 같이
드론 프로펠러도
조립이야?
응 이게
조립을 해야
비행할 때...
응...?!
여보~ 집중하자
말하지 말고 집중!!!
취미 시간을 갖는다

여보...자?
왜 엄마? 재재 안 자!!!
가끔은 암호 교신 실패
#소소한 컷

'내 육아만 왜 이렇게 힘이 들지?', '다른 집은 왜 이렇게 수월해 보일까?'

아이를 키우며 누구나 그렇게 느껴본 적이 있을 것이다. 나도 그랬다.

하원을 하고 놀이터에 가서 아이들이 친구들과 함께 노는 시간을 가진다. 시간이 지나 5시가 다가오면, '이제 집으로 돌아가서 아이들과 놀고, 밥을 먹이고, 씻겨야겠지.' 하며 남은 육아를 위해 힘을 내본다. 그때, "아빠 이제 온대. 오늘은 외식 하자!" 하며 집으로 돌아가는 아이들과 엄마들을 보며, 저 집의 저녁 시간은 왠지 우리 집보다 훨씬 수월할 것처럼 느껴졌다.

외식은 아직도 나에게 집에서 차려 먹는 저녁보다 힘들게 느껴진다. 아이들 옷을 다시 입혀야 하고 기저귀 가방도 챙겨야 한다. 아직 어린 찬이가 낯선 곳에서 다치지는 않을까 하는 걱정도 앞선다.

오늘은 처음으로 우리 가족끼리 저녁 외식을 했다. 집으로 돌아와 목욕 준비를 하는데, 화장실로 들어가던 재재가 갑자기 주방 싱크대 안을 보더니, “아빠! 오늘 밤엔 아빠 설거지할 거 없어. 다행이지?”라고 말한다. 그리고는 혼자 옷을 벗고 목욕하자며 화장실로 들어간다.

나의 육아. 도와주는 남편과 스스로 하는 아이들이 있으니, 이 정도면 그래도 수월한 육아 아닌가.

[51화]

아들 둘의 입맛은 어떨까?

"엄마가 다 만들었으니까 데워서 먹기만 하면 돼."

결혼하기 전, 엄마는 혼자 사는 둘째 딸을 위해 반찬과 국을 꽁꽁 얼려 보내주셨다. 퇴근하고 집에 가면 냉동실에 먹을 것이 가득한데, 집에 오는 도중 1층 상가에서 풍기는 맵고 자극적인 떡볶이 냄새를 왜 그렇게 떨칠 수 없었는지.

두 아이를 키우며 나의 온전한 시간은 아이들이 등원한 후부터 하원 전까지, 그리고 아이들이 모두 잠든 이후이다. 그 시간마저도 과제와 시험, 연구가 밀려올 때면 턱없이 부족하다.

아이들의 등원을 모두 마치고, 남편이 옆에서 말한다.

"여보, 이번 주에 발표 있지 않아? 오늘 저녁은 그냥 시켜 먹자."

내가 무엇을 고민하는지 알아채는 남편의 고마운 한마디를 뒤로 하고 나는 결국 주방으로 가서 냄비에 물을 끓여 육수를 내기 시작한다.

"에이, 금방 만들지 뭐. 이따가 밤에 조금 덜 자면 되지."

바쁜 아침 식사는 한 그릇 음식으로 후다닥 먹인다. 어린이집과 유치원에서 점심을 먹고 돌아오면, 아이들은 저녁이 되어서야 집에서 다섯 칸 식판으로 가득 채운 밥을 먹을 수 있다. 그 시간이라도 내가 만든 밥과 국, 반찬을 담아 먹이고 싶은 마음이다. 비록 마음처럼 되지 않는 날도 물론 있지만, 오늘은 그래도 된장국과 불고기를 가득 해두었다.

옛날에 엄마가 반찬과 국이 다 떨어졌는지 물으시면 "먹고 있어. 엄마, 이번엔 안 보내줘도 돼." 하고 미안한 마음에 미루었다.

이제 엄마가 무엇을 보내줄까 물으시면 "엄마, 보내줘. 보내줄 수 있는 거 다 보내줘!"라고 한다. 여전히 미안한 마음에 먼저 부탁은 못하지만, 맛있는 반찬은 언제나 환영이다.

'엄마, 어머님, 택배 가득 맛있는 음식을 보내주셔서 늘 감사합니다.'

[52화]

남자 셋의 무게를 견뎌라

아들 둘을 둔 엄마는 둘 중 하나라고 한다. 무수리가 되거나, 여왕이 되거나.

어릴 적 빨래를 개는 것은 내 담당이었다. 방에서 숙제를 하다가도 "김수오, 빨래 나왔어!" 하고 나를 부르면, 거실로 나갔다. 빨래를 개면서 아빠가 보시는 뉴스도 보고, 엄마가 만드시는 저녁메뉴의 냄새도 맡았다.

우리 가족이 좋아했던 저녁메뉴는 바로 제주도 딱새우가 가득 들어간 해물탕이었다. 하지만 해물탕은 먹고 싶다고 먹을 수 있는 음식이 아니었다. 거실에 신문지를 깔고, 아빠, 언니, 나, 이렇게 셋이 둘러앉아서 엄마가 양푼이에 씻어준 콩나물 무더기를 다듬어야 했다. 콩나물을 다듬으며 언니랑 콩나물 길이 내기도 하고, 아빠는 다듬는 양만큼만 먹을 수 있다고 농담을 하시기도 했다.

무수리와 여왕은 아이들이 만들어 주는 것이 아니라 엄마가 스스로 만드는 것이다. 내가 방 안의 책상에만 앉아 있었다면, 여름옷이 어디 있는지 찾느라 엄마를 한없이 불러야 했을 것이다. 콩나물국을 끓일 때면, 콩나물의 머리와 꼬리를 함께 다듬어야 한다는 것을 엄마에게 전화해 몇 번이고 물어봤을 것이다. 아이의 하나부터 열까지, 뒤따라 다니며 챙기는 엄마는 늘 바쁘기 마련이다.

"애들아, 오늘은 할머니가 보내주신 호박으로 호박전을 만들어 먹자. 엄마가 썰어준 호박 가운데를 너희가 찍기 틀로 꾹 눌러줘. 그리고 밀가루를 톡톡 묻히면 돼. 엄마는 그동안 국을 끓이고 있을게."

해물탕의 콩나물이 떠오르는 오늘 저녁, 비록 떨어진 밀가루와 호박 조각들을 몇 번이고 쓸어 담았지만, 나는 두 아들을 불러내어 함께 메뉴를 준비한다. 무수리와 여왕, 그 사이에서.

[53화]

결혼 전 vs 결혼 후

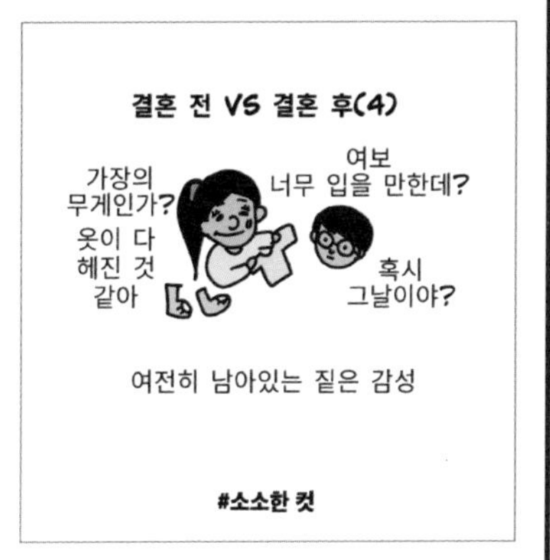

재재가 배 속에 있었을 때, 나는 유치원 교사로 일하며 석사 연구논문을 썼다.

"네가 불편하지 않게 엄마가 매일 딱 30분씩만 앉아서 쓸게."

20분이 지나며 배를 꾹꾹 잡아당기는 느낌이 들면 멈추었다. 30분이 지났는데 아무런 태동도 없다면 잠시 일어나 움직여 보았다. 30분이면 한 문단을 쓰기도 하고, 세 문장을 쓰기도 했다. 그렇게 연구논문을 완성해 학회지에 투고하였다.

유치원 퇴근 후 저녁 6시부터 9시까지는 학교에 가서 수업을 들었다. 강의실에 가면 제일 뒷자리를 찾아 앉았다. 혹시나 꾸벅꾸벅 조는 내 모습을 교수님께서 보실까 봐 조심스러웠다. 퇴근 시간이 지나 누군가의 어머니가 날 찾았다는 연락을 받으면, 수업시간 내내 마음이 쓰였다. 그 아이의 오늘 하루를 떠올리며 이걸까? 저걸까? 답도 알 수 없는 고민을 했다.

박사과정에 합격하자마자 찬이가 찾아왔다. 찬이와 함께 학교에 다니며 수업을 듣고, 연구물을 찾아 읽고 과제를 수행했다.

"엄마, 오늘 발표라서 20분 정도 서 있을 거야, 찬아."

그렇게 감사하게도 아이들은 20분, 30분씩을 나에게 내주었다. 아이들을 낳고 박사과정에 들어오니, 모든 것이 아까울 만큼 소중하다. 연구논문 한 단락을 쓰느라 새벽에 잠들었다가, 아침 일찍 아이들을 등원시키고 들어온 강의실인데, 이상하게 하나도 졸리지가 않다. 책을 읽을 때면 내 아이들이 떠오른다. 나의 육아를 확인하고, 아이들에게 해줄 칭찬을 마음속에 저장한다. 남편과 공유하고 싶은 내용은 사진을 찍어 바로 보내기도 한다.

나의 교수님은 유학의 길에서 이 모든 것을 어떻게 극복하셨을까? 가늠할 수가 없을 만큼 존경스럽다.

[54화]

아들 둘이 어때서

@sosohoho
남편이 입장권 사러 간 사이
에고 아들 둘이네
딸 없어서 어째
하하...네
(또 그거구나...)
엄마
여기 재밌겠다

@sosohoho
여보 얼른 와 1
나도 아들 둘인데 딸 있는 친구들이
얼마나 부러운지
매일 엄마 보러 오고 1+1 나눔 하고
돈 많은 부자 하나도 안 부러워
아 네...하하
(딸인데도 대학 이후
엄마 몇 번 못 봐요)
(아들인 남편이 엄마
더 많이 보고요)
(1+1 못 보내 봤어요)
(부자 부럽습니다)

@sosohoho
여보 얼른 와 2
지금 속으로
어떻게 키우나 걱정하고 있지?
일단 낳으면 애들은 다 커
딸 하나 낳아
엄마 저 선생님
왜 이렇게
말을
많이 해요?
얘들아
우리 먼저 가 있자

아들 둘만 있는 거 아니에요
여보 여기
입장권...
왜
이렇게
빨리 가?
같이 가!!!
단짝 친구인 남편도 있어요
#소소한 컷

남편이 어느 날 나에게 말했다.

"여보, 그 교수님 기억나지? 그 교수님은 딸이 둘이거든. 어느 날 가족이 다 같이 사우나를 갔대. 교수님이 일찍 씻고 나와 로비에서 아내와 딸 둘을 혼자 기다리는데, 그 시간이 엄청 외로웠다더라."

"정말? 여보, 나중에 우리도 사우나 가자. 나는 혼자 실컷 사우나 하고 나와서 우아하게 커피 한 잔 마시고 있을게. 아들 둘이랑 충분히 즐기다가 나와서 연락해."

아들 둘, 얼마나 좋은가.

앞으로 어른이 되는 몸과 마음의 준비도 아빠와 함께, 물놀이 탈의실도 아빠와 함께, 목욕도 아빠와 함께할 텐데.

아마도 로비에서 혼자 기다리는 시간이 외로운 것은 아닐 것이다. 차를 타고 집에 오는 길에 사우나에서 무슨 일이 있었는지, 사우나 후에 뭘 먹을지, 다음 사우나는 언제 갈지,

소소하게 나눌 수 있는 이야깃거리만 있더라도 우리는 충분히 외롭지 않다.

내 마음대로 정할 수 없는 아이의 성별이 내 인생의 메달을 어떻게 결정지을 수 있을까.

과연 나는 딸이기에 엄마, 아빠에게 금메달을 선물하고 있는가?

살면서 마음을 터놓고 의논하는 사람, 별 이유 없이도 시시한 이야기를 나누는 사람 중에 부모가 있다면, 메달을 받을 자격은 충분하지 않을까?

[에필로그]

형제는 오늘도 같이 꿈을 꾼다

어린이집 마지막 학기에 재재는 낮잠으로 힘든 시간을 보냈다. 어린이집에서 낮잠을 자고 오면 밤 10시가 되어 불을 끄고 누워도, 새벽 12시까지 뒤척이며 잠들지 못했다.

"엄마, 저 잠이 안 와요."

아직 낮잠이 필요한 아이들을 재워야 하는 어린이집 선생님들과 월령이 빨라 잠이 줄어든 재재, 그리고 밤잠 재우기가 참 힘들던 우리. 모두에게 힘들었던 시기였다. 유치원에 들어가면서부터는 낮잠을 자지 않게 되었고, 이제 재재는 저녁 9시 30분이면 푹 잠든다.

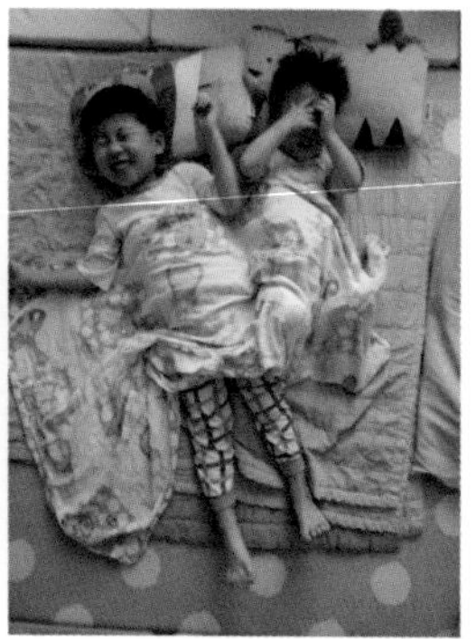

반면 두 돌이 된 찬이는 아직 낮잠이 필요하다. 단지 형을 따라 낮잠을 안 자겠다고 고집을 부리는 게 문제다. 그래서 주말에는 거실에 이불을 펴 놓고 낮잠 자는 시간을 만든다. 아이들은 캠핑온 것 같다고 좋아하며 이불에 눕는다.

"모두 눈 감아야지."

둘이 동시에 손으로, 이불로 얼른 눈을 가린다. 내가 웃으면 아이들도 따라 웃으며 잠을 자지 못하기에, 이 모습이 너무 귀여워 웃음이 나지만 참아본다. 재재는 오늘도 찬이의 낮잠을 위해 적극 협조한다. 찬이가 빨리 자야 초코과자도 먹고, 아빠와 놀이터도 가고, 엄마와 미술놀이도 할 수 있다는 것을 알기 때문이다. 형을 따라 낮잠을 안 잔다던 찬이는 역시나 오늘도 눕자마자 잠이 들었다.

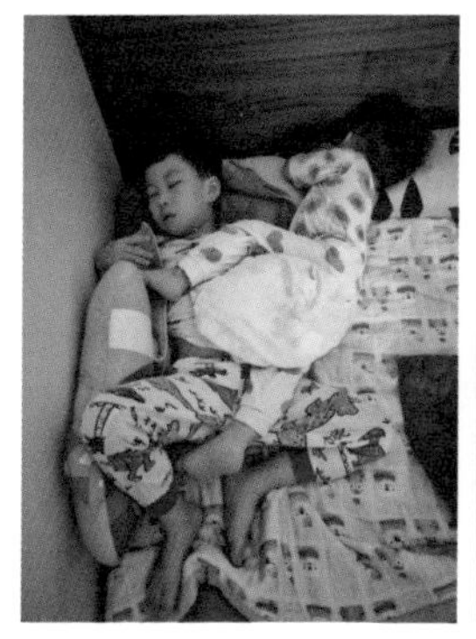

아들 둘의 장점은 이불을 나눠 덮으며 한 침대에서 잘 수 있다는 것이다. 어느덧 찬이가 형의 몸을 다리로 감싸 안고 잔다. 찬이가 태어나 처음 집에 왔을 때, 재재가 작디작은 찬이에게 가까이 가면 다칠까 봐 어쩔 줄 몰라 하며 주변을 맴돌던 모습이 떠오른다.

아이들이 언제 이렇게 컸을까?

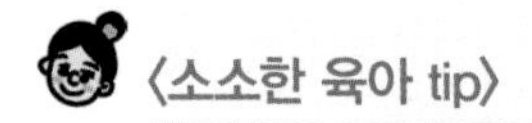

아들 둘만의 정적인 시간 제공하기

"하나도 재우기 힘든데, 둘은 어떻게 재워요?"

그냥 같이 웃다가, 얘기하다가, 뒹굴거리다가 그렇게 잔다.

아들 둘의 놀이를 보고 있으면 그 시너지가 엄청나다. 도미노에서 시작한 놀이가 화산 폭발 놀이가 되어 있고, 고양이 집 꾸미기 놀이는 늪지대 탐험 놀이로 바뀐다. 아이들의 동적인 놀이는 늘 재미있지만 아슬아슬하다. '푸슈', '펑', '이리 와'처럼 많은 대화가 필요하지도 않다. 그래서 나는 아이들에게 정적인 시간을 함께 제공한다.

흥분의 정도가 너무 높아졌다면, 놀이가 아무리 재미있더라도 안전을 위해 멈춘다. 아이들의 몰입을 방해하고 놀이의 흐름을 끊는 것은 아닐까? 그 경계가 궁금하다면 나는 항상 안

전과 건강에 두라고 말한다. 아이들의 안전과 건강이 우선해야 그 놀이는 존중받을 수 있다. 멈추고 나서 나는 두 아이가 '마음 가라앉히는 자리'에서 시간을 보내도록 한다. 처음에는 5분이다. 5분 동안 마음을 진정시키는 것이 어렵다고 말한다면 10분을 준다.

찬이는 자리에 앉아서 손바닥으로 가슴을 쓸어내린다. 두 돌 갓 지난 아이에게 "마음을 가라앉히는 것은 이런 거야." 하고 말하며 손바닥으로 내 가슴을 쓸어내리는 모습을 보여줬더니, 어느새 따라 하게 되었다. 찬이 옆에 앉아 있던 재재는 땀을 식히며 찬이에게 말을 건다.

"찬아, 오늘 어린이집에서 만든 깍두기 나도 줄 거야? 형아도 어린이집 다닐 때 깍두기 만들었어. 그거 무 잘라서 장갑 끼고 양념한 거잖아. 어! 근데 오늘 형아도 유치원에서 요리활동 했는데... 우리 똑같네!"

정적인 시간을 공유하는 것의 장점은 대화를 많이 나눌 수 있다는 것이다. 특히 아들 둘의 경우에는 대화와 길이도, 깊이도 달라진다. 아이들이 정적인 시간을 보낼 수 있도록 해보자. 함께 앉아 그림을 그려도 좋고, 같은 책을 읽으며 그림에 대해 이야기를 나눠도 좋다. 같은 성별을 가진 형제, 자매라면 자기 전 시간을 아이들에게 맡겨보는 것은 어떨까? 잠자리 시간은 불을 끄고 오직 대화에만 집중할 수 있다는 장점이 있다. 비록 처음에는 시끄럽고 잠이 늦어지는 것 같지만, 가끔 아이들이 나누는 진솔한 이야기를 전해들을 수 있다.

대학교 때 상경해서 언니와 함께 자취를 하고, 언니가 시집가기 전까지 같은 집에서 잠을 잤다. 비록 자매보다는 무뚝뚝한 형제가 같이 자는 기간이 훨씬 짧겠지. 하지만 엄마는 너희가 자기 전에 수다 떨며 같이 시간을 보내는 상상을 해.

남자 대 남자로 성장의 변화도 얘기하고, 친구들 관계도 얘기하고, 요즘 꾸는 꿈에 대해서도 얘기하고, 가끔은 엄마, 아빠의 뒷담화도 허락할게.

사랑해! 아들 둘.

비록 너희가 잠들면 엄마, 아빠는 기다란 베개로 너희 사이에 벽을 세워주지만, 꿈속에서는 찬이는 형을, 형은 찬이 옆을 지키며 함께하기를.

오늘도 너희 둘, 좋은 꿈꾸렴.

엄마의 육아 힌트

〈엄마의 편지〉

〈총총이에게 엄마가〉

총총아. 엄마는 총총이와 함께하는 매일이 너무나 소중해. 그래서 이 순간들을 기억하고 싶어서 이렇게 편지를 적어본다. 엄마와 함께하는 하루하루가 너에게도 행복하기를. 나중에 총총이가 커서 이 편지를 읽게 된다면, 엄마와 아빠의 사랑을 우리 아기도 느낄 수 있을까? 사랑을 가득 받고 사랑스러운 사람이 되어, 또 너도 누군가에게 사랑을 듬뿍 나누어 줄 수 있는 소중한 사람이 되기를 엄마는 간절히 바래본다.

엄마도 엄마가 처음이라서 서툴지만, 엄마가 되어 보니 '엄마의 마음'이란 건 배우지 않아도, 해보지 않아도 자연스레 생기는 거더라. 참 신기하지? 그런데 아빠도 마찬가지인 것 같아. 엄마가 소화가 잘 안되어서 트림도 많이 하고 토도 자주 하는데, 아빠는 "더 시원하게 해. 부부 사이에 뭐 어때? 모두 다 괜찮아." 하며 엄마를 늘 편안하게 해줘. 아빠는 참 좋은 사람이야.

우리 모두 이렇게 서로를 소중히 여기고 아껴 주면서, 함께 있으면 편안하고 든든한 가족이 되어가자. 사실 엄마 아빠도 너로 인해 많은 걸 배우고, 하루하루 조금씩 더 성장해 가고 있어.

고맙다, 총총아. 고맙다, 여보. 우리 늘 건강하자. 사랑해♡

〈꽁꽁이에게 엄마가〉

꽁꽁아. 우리 가족에게 와줘서 참 반갑고, 고맙고, 그리고 사랑해. 꽁꽁이도 우리를 만난 것이 아주 행복했으면 좋겠다. 오늘은 아빠와 형이랑 함께 병원에 가서 너를 만났단다. 형은 화면에 나오는 너를 보고 열심히 손을 흔들며 인사를 했어. 엄마도 우리 가족이 셋에서 넷이 되는 일이 벌써부터 너무나 기대되고 벅차고 설렌다. 우리 가족의 사랑이 얼마나 꽉 가득 찰까?

꽁꽁이는 아들이래. 아들은 엄마 손을 빨리 놓는다 하고, 아들은 엄마 품을 빨리 떠난다 하고, 아들은 엄마를 덜 찾는다던데, 그래도 엄마는 재재와 꽁꽁이가 있어서 누구보다 더 든든하고, 의지가 되고, 강해진 느낌이야. 환영하고 축하해, 우리 둘째 아들.

아빠의 태교 동화책과 엄마의 클래식 음악보다는 형이 쿵쿵 뛰는 소리, 형에게 위험하다고 소리치는 엄마 목소리가 더 많이 들리지? 그래도 네가 받는 사랑은 한 사람의 몫이 더 늘었단다. 왜냐하면 재재 형은 형이 없었지만, 꽁꽁이는 행복하게도 형이 있거든. 재재 형은 자기 전에 "엄마, 우리 가족 누군지 알지? 꽁꽁이, 재재, 엄마, 아빠!" 하고 혼잣말을 한단다. 늘 꽁꽁이가 첫 번째 순서로 나오지. 소중한 꽁꽁아, 엄마 아빠의 오롯한 태교와 태담은 많지 않을지라도 엄마, 아빠, 형, 우리 모두는 너를 진심으로 사랑하며 기다리고 있단다. 우리 서로 만날 때까지 건강하게 잘 지내자. 사랑해♡

<첫째 아들 재재에게 엄마가>

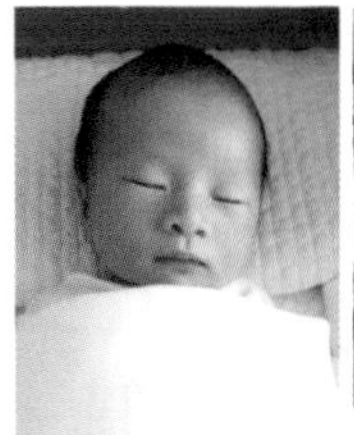 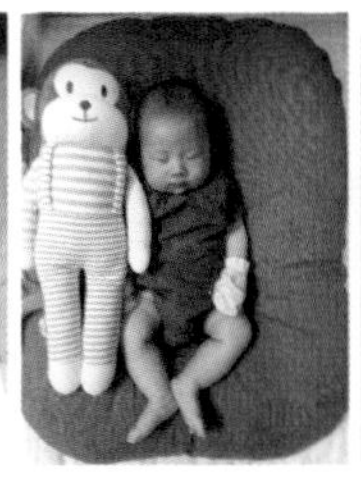  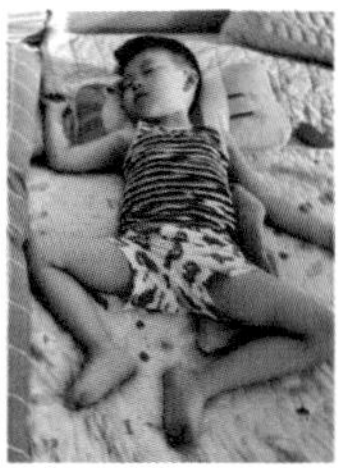

우리 사랑스러운 큰아들 재재. 오늘 너의 자는 모습을 바라보면서 문득 정말 많이 컸다는 생각이 들었어. 정말 기특하기도 하고 살짝 놀랍기도 하단다. 엄마가 널 안아서 재워준 날이 몇 번이나 될까? 내 품 안에 너의 키와 몸집을 온전히 담을 수 있는 날은 또 몇 번이나 남았을까?

"엄마, 나 혼자서 잘 수 있어. 아기가 아니에요."
"엄마, 나 다 컸는데 아직도 아기처럼 안아주면 어떡해요!"

이렇게 말하며 엄마를 훌쩍 넘기는 키와 큰 몸집으로 "안녕히 주무세요." 하고 인사한 뒤, 방안으로 들어가 스스로 잘 날이 곧 다가올 것 같아. 그 생각에 조금은 아쉽기도 하고, 한편으로는 대견하기도 하단다.

오늘은 이모네 집에 가서 지성이형과 나연이랑 신나게 놀다 왔지? 재재는 우리 집에서 첫째 아들이라 형이 없지만, 지성이 형이 좋은 사촌형이자 1년 차이의 든든한 선배잖아. 아마 조금 더 크면 엄마, 아빠보다도 공감대가 많은 친구가 되어 줄 거야. 그리고 너에게는 동생도 있으니 얼마나 행복한 일이니?

재재랑 찬이도 이다음에 크면 서로가 하는 일도 다르고, 사는 곳도 다르고, 결혼한 사람도 다르고, 생각도 다르고, 성격도 다르고, 벌이도 다르고, 씀도 다르고 그러겠지만, 그런 건 중요하지 않아. 서로 힘들 때 의지하고, 서로의 아들딸들, 그러니까 사촌들이 모여서 신나게 놀 수 있고, 멀면 먼 대로 전화하고 문자하고, 가까우면 가까운 대로 자주 놀러 다니며 그렇게 지내면 좋겠어. 재재가 커서 엄마 편지를 읽으면 무슨 말을 하고 있는지 알게 될 거야.

"엄마, 나랑 찬이가 같이 어린이집 다닐 때가 좋지 않았어? 지금은 나를 유치원에 데려다주고 찬이는 어린이집에 데려다주니까 다리가 아프지 않아?"

"엄마, 우리가 자고 나면 엄마가 이 빨래를 혼자서 다 개는 거예요?"

엄마는 마음이 참 따뜻한 재재 덕분에 다리도 안 아프고, 힘든 것도 잊어버리게 돼. 네가 엄마에게 고맙다고 말하는 것만큼이나 엄마도 너에게 고마운 마음이 넘치고 또 넘친단다. 요즘은 숫자를 읽고, 글자를 읽고, 영어도 읽는 너를 보며, 엄마의 편지를 읽는 날도 곧 오겠구나 하고 생각해. 빨리, 그러나 너무 빠르지는 않게 그날이 왔으면 좋겠다. 우리 사랑스러운 아들 재재 엄마가 정말 많이 사랑해♡

<둘째 아들 찬이에게 엄마가>

사랑하는 귀염둥이 둘째 아들 찬아. 찬이는 씩씩하게 잘 자라고 있어. 요즘 들어 부쩍 더 큰 느낌이 드는구나. 밥도 잘 먹고 잠도 잘 자고, 엄마에게 하고 싶은 이야기를 말로 주고받기 시작한 찬이가 엄마는 정말 기특하단다.

엄마 배 속 꼬물이였던 네가 일찍 세상에 나온다고, 조금 작게 태어난다고, 엄마가 아빠 손을 잡고 울며 병원에 달려간 일이 벌써 2년 전이라니. 엄마가 아빠 손에 매달려 눈물 흘린 것이 머쓱한 게 참 다행이야. 이렇게나 씩씩하고 건강하게 무럭무럭 자라주니 엄마는 정말 행복하단다.

같은 아파트에 사는 이웃이 있거든. 눈인사만 하고 지나

가곤 했는데, 그 엄마가 어느날 둘째를 임신을 한 거야. 엄마가 정말 축하한다고 했더니 그 엄마가 "근데, 저는 딸이에요." 하더라고. 둘째가 딸이라며 좋아하는 그 엄마의 설렘 가득한 표정에 집에 와서 괜히 엄마가 산 분홍 바구니를 봤어. 사실 엄마도 재재가 아들이니 둘째는 딸이겠거니 하며 분홍색 바구니를 샀거든. 그런데 엄마는 찬이가 엄마에게 웃어줄 때 그 누구보다 좋고 설렌단다. 귀염둥이 미소를 가진 찬이라서, 그리고 찬이가 아들로 엄마에게 와주어서 정말 고마워. 엄마도 어디 가서 꼭 자랑하고 싶더라. "근데, 우리 둘째 아들 참 멋지죠?" 하고 말이야. 엄마는 재재와 찬이랑 함께 마트에 가고, 아빠 당직 날 같이 잠을 자고, 함께 신나게 놀 때마다 엄마는 엄청 든든하고 힘이 나.

두 살 터울인 너희 형제가 같이 어린이집에 다니고, 유치원에 다니고, 학교에 다니는 모습을 상상하면 엄마는 정말 행복해진단다. 찬이가 형과 함께 처음 어린이집에 다니던 날, 엄마는 아직 어린 너를 일찍 데리러 갔어. 점심시간 전에 집에 데리고 오고 싶었거든. 엄마가 찬이 하원을 기다리면서 어린이집 문 안을 살짝 봤는데, 마침 재재 형이 친구들과 점심 먹기 전에 손을 씻으러 가고 있더라고. 그런데 갑자기 화장실에 가다 말고 너의 교실 앞문으로 다가가서, 빼꼼 고개를 내밀어 우리 동생이 잘 있나 확인하고는 다시 손을 씻으러 가는 거야. 엄마, 아빠가 없을 땐 형이 엄마, 아빠가 되어야 한다고 했었거든. 너를 챙기는 형의 모습, 형을 아는 듯이 빤히 쳐다보는 찬이의 모습에 엄마는 마음이 참 벅차올랐단다.

이렇게 사랑스러운 두 아들이 엄마에게 와서 엄마는 참 행복하단다. 찬이도 엄마, 아빠, 그리고 형이 늘 곁에서 지켜주니 걱정 말고 자신 있게 쑥쑥 자라렴. 다치지 말고 건강하자, 찬아. 사랑스러운 우리 아들 찬이, 엄마가 많이 사랑해 ♡

<집에서도 할 수 있는 유치원 놀이>

[21개월] 관찰 놀이: 버섯 키우기

어린이집에서 버섯 키우기 키트를 받아왔다. 버섯 키우기 키트는 인터넷에서도 쉽게 구할 수 있고, 집에서도 간단히 잘 키울 수 있어서 아이들과 함께 활동하기에 좋다.

재재는 분무기를 '칙칙이'라고 부르며 목욕시간에 칙칙이 놀이를 즐긴다. 버섯은 남편과 나, 그리고 재재까지 잘 먹어서 마트에서 장을 볼 때 빼놓지 않고 종류별로 사는 품목이다. 장난감 대신 무언가를 직접 키워보는 놀이를 처음 그렇게 시작하였다.

버섯은 볕이 잘 들지 않고 습한 곳에서 잘 자란다고 한다. 그래서 베란다에 버섯 키우기 키트와 분무기를 함께 놓아두었다. 충분히 축축하게 물을 주는 일은 재재의 역할이다. 뿌리고 나서는 늘 빼꼼 확인하는 재재.

"재재야, 버섯 보여?"(엄마)

"안 보어~ 버서시 안 보어!"(재재)

아침, 점심, 저녁, 장난감 놀이가 심심해질 즈음이면 재재는 바닥에서 뒹굴며 나에게 몸을 기대거나 안기곤 한다. 그럴 때마다 "재재야, 버섯 칙칙이 하러 갈까?" 하면 재재는 후다닥 베란다로 달려간다. 놀이 중간에 한번 흥미 전환이 되고 좋다. 며칠 그렇게 물을 주고 나니 버섯이 조금씩 보이기 시작! 검은 비닐을 내려주며 재재에게 물었다.

"재재야, 버섯 보여?"(엄마)

"버섯 보어! 재재가 이케 칙칙해서 버섯이 보여!"(재재)

"재재가 칙칙해서 버섯이 정말 잘 자랐네. 버섯은 어떤 모양이야?"(엄마)

"우산 갈애 버섯. 요렇게 우산!"(재재)

재재는 손을 위로 올리며 우산 쓰는 흉내를 냈다. 한번 버섯이 나기 시작하자, 버섯이 커지는 속도는 아주 빨랐다. 버섯이 굵어지는 이 시기에 재재는 가장 많이 버섯을 관찰했다. "이야~ 크다! 크다! 이건 엄마 버섯! 저건 아빠 버섯!" 하며 버섯 크기도 비교해보았다.

그리고 함께 버섯을 딴 날. 작은 손으로 엄마를 따라 버섯을 찢어보았다. "비가 내려요~ 엄마! 비가 내려!" 하며 자

른 버섯 조각들을 흩뿌려도 보았다.

그렇게 손으로 잘 찢은 버섯은 깨끗하게 씻었다. 버섯은 찢어야 더 맛이 난다. 엄마가 보글보글 지글지글 해야 한다고 가져와 버섯볶음을 했다. "재재가 이케, 이르케 찢은 거야 아빠!" 먹으면서도 자기가 찢었다고 열심히 팔을 움직이며 어깨를 으쓱거린다. 조금 더 크고 시간이 지나면, 다시 한 번 버섯을 키워도 좋겠다. 그때는 재재가 버섯을 키우며 새로운 것을 또 발견하고 보람을 느낄 테니 말이다.

[40개월] 역할놀이: 아이스크림 가게

계절을 활용하면 아이들의 놀이는 더욱 풍성해진다. 실제로 어린이집이나 유치원에서도 계절에 맞는 다양한 활동을 계획한다. 유아들이 직접 느끼고 관심 가지는 것 중에 계절만 한 것이 없다. 요즘은 여름을 맞아 아이스크림 가게 놀이를 한다. 물론 계절에 맞는 좋은 완제품 놀잇감들도 많이 있지만, 집에 있는 장난감을 조금씩 이용하면 준비도 쉽고 내용도 풍부해진다.

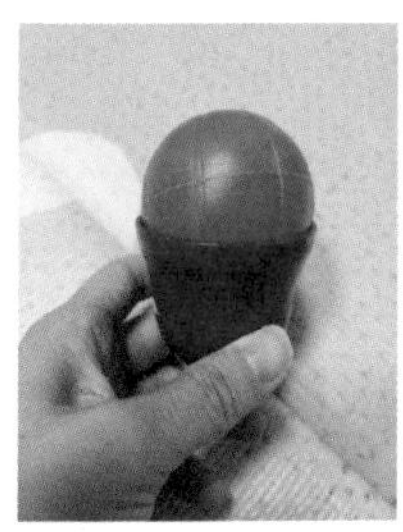

색깔 공들은 아이스크림이 되고 콘을 정하지 못했다. "우리 아이스크림 콘은 뭘로 하면 좋을까?" 하고 재재에게 물었더니, 찬이 장난감에 있는 인형의 아랫 부분을 가져온다. 아이들에게 물어보면 기가 막힌 답이 나온다. 이미 세트인 것처럼 공이 인형에 쏙 들어가 멋진 아이스크림이 되었으니 말이다. 반찬으로 먹고 나서 깨끗이 씻은 통도 가져와 아이스크림 포장 용기가 되었다. 아이스크림만 사고팔기에는 심심하니 아이스크림 체험 코너를 만들어 아이스크림 모양 찍기, 빙수 얼음 갈아보기 놀이도 해보았다. 푹신한 베개를 아이스크림이라고 하고, 그 위에 모양 장난감으로 꾹 눌러 보았다. 요리조리 돌려 색깔을 맞추는 큐브 장난감을 가져와 빙글빙글 돌리며 얼음을 간다고 하였다.

재재와 놀이를 할 때 내가 사용하는 팁이 있다. 나는 필요한 것들의 특징을 설명만 하고, 재재는 그것을 대체할 수 있는 물건들을 직접 주변에서 찾아보는 것이다. 실제로 유치원에서 아이들과 가장 많이 하는 팁플이다. 그렇게 오늘은 공, 인형, 베개, 통, 큐브를 스스로 찾아온 재재이다.

"엄마, 이제부터 엄마는 사장님이고 재재는 손님이야. 사장님 안녕하세요." 하며 재재가 존댓말을 쓴다. 이미 재재는 놀이에 들어갔다. 역할놀이에 몰입하는 아이의 순간을 쑥스러워하지 말자. 나는 이제 엄마가 아니라 세상에서 아이스크림을 가장 맛있게 파는 아이스크림 가게 사장님이 되어야 한다.

그때 퇴근한 아빠가 갑자기 역할놀이를 같이 하고 싶어 "안녕하세요. 저도 아이스크림 하나 주세요." 하고 끼어들었다. "아빠는 아니야! 아빠는 모르잖아! 아빠는 가서 누워 있어!" 하고 밀어내는 재재다. 엄마랑 공유한 놀이는 아빠는 모를 것이라 생각하고 경계를 한다. 그때 아빠가 "삐리삐리삡 나는 아이스크림 로봇입니다. 주문하세요. 버튼을 누르면 아이스크림이 나옵니다!" 하고 로봇이 되었다. 그 한마디에 재재가 관심을 갖는다. 아빠의 몸 여기저기를 손가락으로 콕콕 누르며 딸기맛을 달라, 초코맛을 달라 주문한다.

그것 봐. 아빠의 놀이도 얼마나 재밌는데. 놀이를 함께 하는 건 단순히 노는 것, 그 이상이다. 경험과 추억, 그리고 상호작용 속에서 자기들만의 콘텐츠와 주제, 기억, 대화를 공유하는 것이다. 가족, 친구, 연인 사이에 커플 아이템을 사거나, 같은 책과 영화를 보고, 여행을 다녀왔을 때 나누게 되는 찐한 느낌. 부모 자식 간에도 마찬가지다. 그러니까, 여보! 놀이에서 재재가 밀어버린다고 멀리 밀려버리면 안 돼. 아이가 밀어내도 오늘처럼 여보는 꼭 당겨 놀이해 줘. 오늘 로봇 놀이 정말 재밌었어!

[만4세] 과학 놀이: 얼음 기둥 실험

무더운 여름, 장마가 끝나니 더 덥다. 물을 이제 조금씩 냉동실에 두고 있다. 밤에 더워 잠들지 못하는 재재를 위해 냉동한 물병을 수건에 돌돌 말아 시원하게 안고 자도록 해준다. 어젯밤 재재가 잠들고 난 후, 물병을 냉장고에 두었다. 그런데 다음날 아침, 재재가 냉장고에 있는 물을 보더니 말했다.

"엄마, 이 얼음 기둥이 어떻게 이 속에 들어갔어요?"(재재)
"얼린 물이 녹았으니까 그렇지?"(엄마)
"에잉, 그래? 나는 이 통을 잘라서 얼음 기둥을 안에 놓고 다시 통을 연결했나? 하고 생각했어."(재재)

가끔은 당연하게 흘러가는 여러 일들이 어른에게만 당연할 때가 있다. 냉동실 얼음틀 속에 있던 각얼음만 보다가, 입구보다 더 큰 얼음 기둥이 물병 안에 들어있는 모습을 보고, 재재는 궁금증이 들었나 보다.

"오늘은 아빠랑 과학실험 해볼래?"
이토록 주도적인 육아 활동이라니. 남편에게 고마웠다. 내가 찬이를 재울 동안, 재재는 몰래 방을 나가 아빠랑 물하나를 꺼냈다. 그리고 서로 한 모금씩 마신 후, 물의 위치를 표시하고 냉동실에 넣어 잠이 들었다.

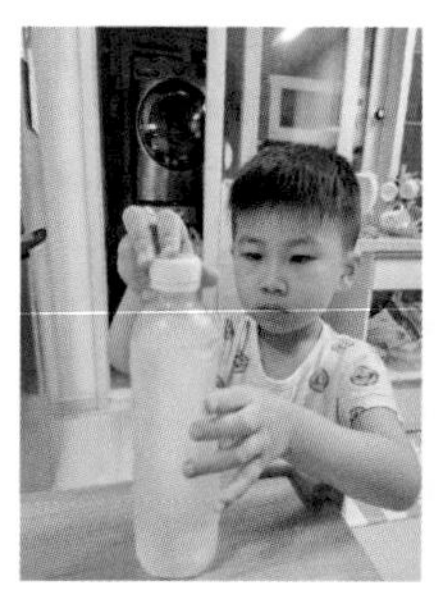

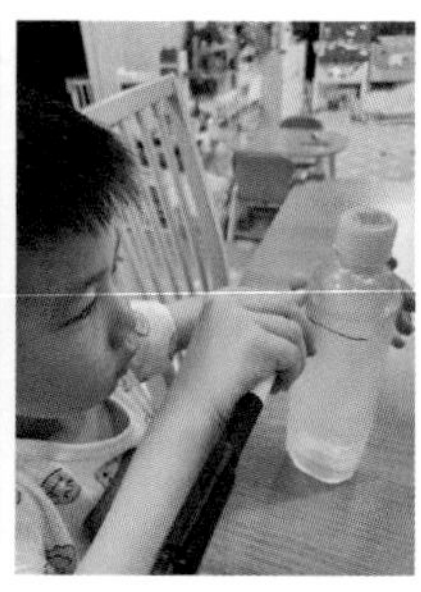

다음 날, 물 한 병이 다 언 것을 확인하고 냉동실의 물을 냉장고 앞 칸에 두었다. 냉장고 앞 칸의 문은 재재도 이제 가뿐히 열 수 있기 때문에 재재가 중간중간 쉽게 볼 수 있도록 해주었다. 생각보다 냉장고에서 물이 녹는 시간은 천천히 진행되었다. 다음날은 얼음 기둥이 생각만큼 작아지지 않았고, 다다음날 정도 되니 얼음이 더 많이 녹아서 남아 있는 얼음 기둥이 더 잘 보였다.

재재와 함께 물이 올라간 높이를 비교해 보았다. 지난밤에 표시한 부분보다 높이가 쑥 올라간 것이 눈으로 보였다. 이제는 아빠가 없을 때에도 냉장고에서 물을 꺼내 얼음 기둥을 확인하고, 스스로 물이 증가한 부분을 표시한다. 유치원에서 얼음 과학실험은 어려운 활동 중 하나이다. 냉장고가 교실에 배치되어 있지 않고, 등·하원과 여러 활동을 하며 얼음이 녹는 것을 실시간으로 맞추기 어려울 때가 있다. 재재와 다양한 놀이를 하다 보면, 간혹 유치원보다 집에서 하기 더 편한 놀이가 있다. 가끔 엄마보다 아빠와 함께하는 과학실험이 더 재미있는 것처럼 말이다.

[12개월 & 만3세] 미술 놀이: 색지 조각 붙이기

가끔 엄마인 나조차 하원 후 육아에 지루할 때가 있다. 아이들과 내가 반복되는 놀잇감 놀이에 살짝 지루함을 느끼는 그런 날에는, 하원하기 전에 간단한 놀이를 준비하고 간다. 오늘은 잘라 펼친 지퍼백 두 개를 매트 바닥에 붙여 놓고, 색지를 조각으로 잘라 바구니에 담아두었다. 그리고 비닐 위에 양면테이프를 붙였다. 준비 끝!

유치원에서 미술 활동을 할 때는 자료실에서 온갖 색의 종이와 꾸미기 재료를 한가득 가지고 올 수 있는데, 집에서는 그러기가 어렵다. 아이들과 함께 미술 놀이를 하기 위해 조금씩 다양한 재료를 구입하고 싶지만, 대부분 대용량으로 판매되기 때문에 부담이 있다. 그래서 주문할 때 나만의 팁은 초록색과 빨간색을 선택하는 것이다. 어버이날과 스승의 날 카네이션 만들기, 그리고 크리스마스까지. 1년 중에 가장 활용도가 높은 색깔들이기 때문에, 나는 초록과 빨강색 계열의 종이를 구입한다.

양면테이프는 소근육 놀이에 매우 유용하다. 찐득한 풀을 사용하기 부담스러울 때는 더욱더 좋은 재료이다. 재재는 이제 혼자서 양면테이프 껍질을 뗄 수 있고, 오늘 찬이는 처음으로 형아 옆에서 양면테이프를 탐색한다.

이제 양면테이프에 색지를 붙인다. 찬이도 종이를 가져다가 올려놓는다. 혼자서 붙여본 색지 놀이가 재미있었는지, 딱 달라붙은 색지 조각을 보고 찬이는 한껏 웃으며 박수를 친다. 나는 유아교육이 곧 인생에 담겨 있다고 생각한다. 사람들은 유아에게만 일어나는, 유아를 위해 필요한 교육을 공부하는 것이 유아교육이라고 생각하지만, 나는 그것이 유아의 삶에 국한되는 것이 아니라 모두의 인생에서 일어나고 느껴야 하는 것이라고 믿는다. 성취감이나 자존감 역시 마찬가지다. 유아에게 매우 중요하다고 강조하는 이 두 가지는 사실 모두의 인생에서 필수적이다.

무언가를 성취했을 때의 희열을 느껴본 적이 있는가? 처음 레시피 없이 남편 생일 밥상을 위해 만든 양념 등갈비구이가 놀랍도록 맛있었을 때, 내가 직접 설계한 연구에서 오류 없이 통계 프로그램이 결과값을 내주었을 때, 바퀴 달린 것은 모두 두렵다고 여기던 내가 남편과 연애 시절 처음으로 놀이공원까지 운전해 데이트를 다녀왔을 때, 나는 스스로 박수를 칠만큼 뿌듯하고 웃음이 났다. 아이들에게 성취감을 느끼게 하고 자존감을 높이는 일도 그런 것이다. 오늘 찬이는 스스로 색지를 붙이며 그런 웃음을 지었다.

완성한 매트 위의 색지판을 가만히 보던 재재는 "엄마! 이거 꼭 정글 같다!" 하며 동물 피규어들을 가지고 왔다. 그렇게 또다시 새로운 놀이가 시작되었다. 아이들의 놀이에는 다양성이 있다. 발달의 다양성, 재료의 다양성, 표현의 다양성이 존재하지만, 나는 놀이에 연령의 다양성은 정해지지 않는다고 생각한다. 소근육이 발달했다면 첫돌이 지난 찬이와 만 3세의 재재는 색지 붙이기 놀이를 함께 즐길 수 있다. 한 발로 공을 찰 수 있을 정도로 성장한 만 3세 재재와 만 30세가 넘은 아빠는 땀이 나도록 신나게 공놀이를 한다. 그렇게 오늘도 우리 가족은 함께 놀이를 한다.

[25개월 & 만4세] 촉감놀이: 집에서 하는 눈놀이

올해 첫눈은 폭설이었다. 작년에도 물론 눈이 왔지만, 두 돌이 된 올해 겨울의 눈부터는 찬이가 기억을 더 잘하리라는 생각이 든다. 눈이 온 세상을 너무나 재밌게 즐기고 있기 때문이다. 그러나 밖에서 실컷 눈놀이를 하기에는 날이 너무 춥다. 그래서 오늘은 집에서 보일러를 켜고 눈놀이를 하기로 했다.

바구니에 깨끗한 눈을 한가득 떠 왔다. 매트 위에 종이 상자를 펼쳐 깔고, 그 위에 수건을 덮어 단단히 준비했다. 눈이 밖으로 좀 튀어나오지만, 수건을 휘리릭 감싸 화장실에 한 번 털어주면 그만이다. 찬이의 촉감놀이를 위해 밀가루 반죽 놀이를 하기도 하고, 더운 여름날에는 화장실에서 장난감 물놀이를 하기도 하는데, 눈놀이가 훨씬 편하고 쉽다. 아이들이 무척 좋아하는 것은 물론이고 말이다.

보일러를 틀었지만, 눈은 생각보다 잘 녹지 않았다. 하지만 집은 훈훈하고 따뜻하니 아이들은 편안하게 눈놀이를 즐길 수 있었다. 재재는 눈이 물이 될 때까지 놀고 싶다고 자신 있게 말했지만, 생각보다 눈이 잘 녹지 않아, 결국 눈들은 화장실 욕조로 옮겨 정리되었다. 저녁 먹기 전, 아이들이 슬금슬금 화장실로 가서는 눈이 얼마나 녹았는지 확인하는 모습이 참 귀여웠다.

유아교육에서는 촉감놀이와 오감놀이를 많이 제공하라고 말한다. 가만히 생각해 보면, 이는 너무나 당연한 일이다. 그리고 꼭 어린 아이들에게만 해당하는 것이 아니다. 맛집 광고를 아무리 많이 보고, 맛있게 먹고 실감 나게 표현하는 연예인들의 표정과 이야기를 들었다고 해서, 그 음식의

맛을 온전히 알 수 있을까? 직접 가서 맛을 봐야 그 음식이 얼마나 맛있는지 느끼고, 알고, 배울 수가 있다.